U0553106

中等职业教育机械类专业改革创新系列教材

Inventor 基础教程
与实战技能

主　编　王　姬

副主编　徐　昊

参　编　汤叶飞　林吉波

机械工业出版社

本书以 Inventor 2023 为主线，针对每个知识点进行图文并茂的讲解，使读者能够快速、熟练、深入地掌握 Inventor 2023 的设计知识。全书分为两篇，上篇基础知识（第 1~8 章）包括认识 Inventor 2023、零件建模、部件设计、表达视图、曲面建模及多实体建模、工程图、参数化设计和设计可视化；下篇项目实战（项目一~项目六）包括创意收纳盒设计、减速器底座设计、暖风机外壳设计、斯特林发动机设计、车载充气泵外观设计和结构设计。本书是在《Inventor 2014 基础教程与实战技能》的基础上，结合教学反馈意见和建议，以及现行的国家标准和软件版本的升级编写而成的。

　　本书配有丰富的数字化资源，包括电子课件、微视频（二维码）等全套数字资源，可以作为大中专院校、中高职院校和社会相关培训机构的教材，也可以作为 Inventor 初学者及工程技术人员的自学用书。

图书在版编目（CIP）数据

Inventor 基础教程与实战技能/王姬主编. —北京：机械工业出版社，2024.2
中等职业教育机械类专业改革创新系列教材
ISBN 978-7-111-75224-0

Ⅰ.①I… Ⅱ.①王… Ⅲ.①机械设计-计算机辅助设计-应用软件-中等专业学校-教材 Ⅳ.①TH122

中国国家版本馆 CIP 数据核字（2024）第 046222 号

机械工业出版社（北京市百万庄大街 22 号　邮政编码 100037）
策划编辑：汪光灿　　　　　　责任编辑：汪光灿　杜丽君
责任校对：杨　霞　王　延　　责任印制：任维东
天津嘉恒印务有限公司印刷
2024 年 5 月第 1 版第 1 次印刷
184mm×260mm · 17 印张 · 291 千字
标准书号：ISBN 978-7-111-75224-0
定价：54.00 元

电话服务　　　　　　　　　网络服务
客服电话：010-88361066　　机 工 官 网：www.cmpbook.com
　　　　　010-88379833　　机 工 官 博：weibo.com/cmp1952
　　　　　010-68326294　　金 书 网：www.golden-book.com
封底无防伪标均为盗版　　机工教育服务网：www.cmpedu.com

preface 前 言

党的二十大报告指出"实施科教兴国战略，强化现代化建设人才支撑"，将大国工匠和高技能人才纳入国家战略人才行列，为职业教育的进一步发展指明了方向。为深入贯彻党的二十大精神，推动课程改革，本书根据现阶段课程内容改革要求，结合教学反馈意见和建议，以及现行的国家标准和软件版本的升级，在《Inventor 2014 基础教程与实战技能》的基础上编写而成。建模软件采用 Autodesk Inventor Professional 2023（以下简称 Inventor 2023）。

本书分为上篇基础知识和下篇项目实战。上篇分成 8 章，包括认识 Inventor 2023、零件建模、部件设计、表达视图、曲面建模及多实体建模、工程图、参数化设计和设计可视化，系统、图文并茂地介绍了 Inventor 2023 软件的主要功能。下篇分为 6 个项目，包括创意收纳盒设计、减速器底座设计、暖风机外壳设计、斯特林发动机设计、车载充气泵外观设计和结构设计，让读者由浅入深地熟悉产品设计的流程，掌握 Inventor 2023 软件的设计思路和方法。

本书的项目实战着重讲解设计思路对应的设计节点、设计内容，对任务实施过程进行文字简化，以二维码操作视频形式呈现。

本书由浙江省特级教师王姬任主编，全国技术能手徐吴任副主编，汤叶飞、林吉波参与编写。

由于编者水平有限，书中难免有疏漏之处，敬请广大读者批评指正。

编　者

二维码索引

contents

上 篇

基 础 知 识

第 1 章 认识 Inventor 2023

1.1 Inventor 2023 概述

　　Autodesk Inventor Professional 2023（简称 Inventor 2023）是 Autodesk 公司推出的一款可视化三维实体建模软件，是一款针对机械设计、仿真、加工制造及设计交流的三维设计软件。它包括五个基本模块（零件、钣金、装配、表达视图和工程图）、四个子模块（焊接、结构件生成器、设计加速器和 Inventor Studio）、四个专业模块（三维布管设计、三维布线设计、应力分析和运动仿真）。

　　Inventor 2023 用于帮助用户创建和验证完整的数字样机以减少物理样机的投入，用户在数字样机设计流程中获得极大的优势，并且能在更短的时间内生产出更好的产品，以更快的速度将更多的创新产品推向市场。Inventor 2023 具有强大的三维造型能力和良好的设计表达能力。与其他主流三维计算机辅助设计软件相比，它具有以下特点：

1. 简单易懂的操作界面

　　Inventor 2023 采用 Autodesk 产品通用的功能区界面，与 Microsoft Office 的新风格一致，方便用户操作。图 1-1 所示为 Inventor 2023 默认的用户界面。

2. 智能简便的操作方式

　　Inventor 2023 生成的交互是动态的、可视的、可预测的，用户可以直接参与模型交互及修改模型，同时还可以实时查看更改。

　　（1）简化模具设计　Autodesk Inventor 产品线中包含自动化模具设计工具——Autodesk Moldflow，可以帮助用户优化模具设计并减少模具试修次数。

　　（2）支持多种数据格式　Inventor 2023 能够导入、导出多种数据格式，如 IG-ES、Parasolid、ACIS、STEP 等，对于其他主流 CAD 软件的文件也能够自如读取。AutoCAD 的二维数据能够无损地移植到 3D 环境下。在 Inventor 2023 中，可以将数据直接传递到 Fusion 360 的"衍生式设计""仿真"和"制造"工作空间，以便在开始制造之前能够更轻松地创建早期设计理念和仿真。图 1-2 所示为互联工作流。

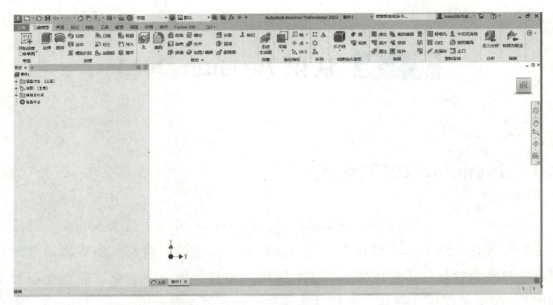

图 1-1　Inventor 2023 默认的用户界面

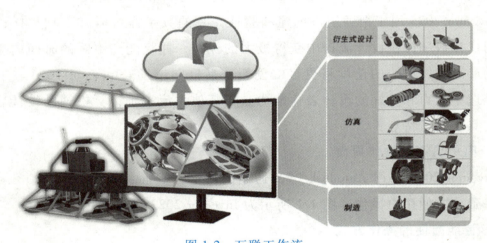

图 1-2　互联工作流

1.2　Inventor 2023 基本使用环境

1. Inventor 2023 界面及功能

Inventor 2023 界面如图 1-3 所示，各部分的功能如下：

（1）工具面板　按照逻辑关系分类存放各种图标按钮，不同类型的图标按钮存放在不同的选项卡中，如图 1-3 中的装配、设计、模型等选项卡。对于不同的零件、部件、表达视图或工程图等，工具面板与选项卡也会有所不同。

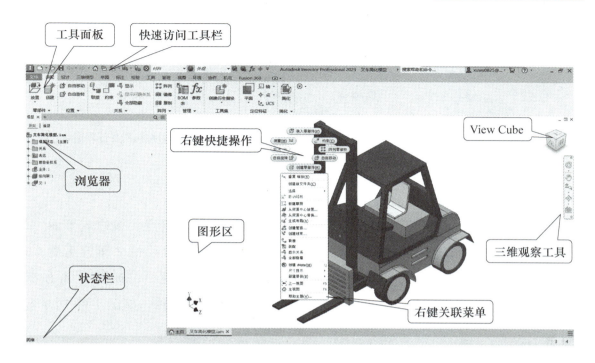

图 1-3　Inventor 2023 界面

（2）快速访问工具栏　提供常用的图标按钮，如新建、保存、撤销、恢复等，以便快速查找和使用。

（3）浏览器　显示了特征、零件、部件、工程图等的组织结构层次。图 1-4 所示为零件环境下的浏览器，它直观地记录了草图、特征与零件的关系，以及零件模型的创建步骤。

（4）右键关联菜单　通过自动推测下一步的可能操作，提供所需的工具。在图形区的空白处、选中的特征或模型上、浏览器的节点等位置单击鼠标右键，均可打开与之相关的可能操作菜单，如新建草图、编辑特征、控制零部件的可见性等。

图 1-4　零件环境下的浏览器

（5）右键快捷操作　与右键关联菜单相似，Inventor 2023 通过自动推测下一步的可能操作，将相关的工具放置在光标的四周。若需使用这些工具，可右击后直接选取，也可按住右键向相关位置拖动选取，如图 1-5 所示。以选取"测量"工具为例，可右击打开该快捷按钮菜单，并选取"测量"工具；也可按住右键向左上方拖动，快速选取"测量"工具。

| a) 右键快捷操作菜单 | b) 右击后选取 | c) 按住右键向按钮所在位置拖动选取 |

图 1-5　右键快捷操作示例

（6）状态栏　显示当前操作的提示信息。

（7）View Cube　用于选择三维模型的观察角度。单击顶点、棱边或平面，均可调整观察的方向，如图 1-6a 所示。将 View Cube 控制块的某一平面放正后，还可通过单击箭头在保证已经摆正的平面不动的情况下旋转模型，如图 1-6b 所示。此外，拖动 View Cube 控制块的顶点，可对模型进行三维旋转，如图 1-6c 所示。

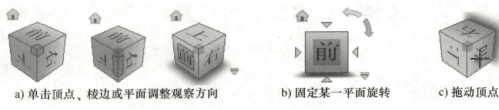

| a) 单击顶点、棱边或平面调整观察方向 | b) 固定某一平面旋转 | c) 拖动顶点 |

图 1-6　View Cube

（8）三维观察工具　包含全导航控制盘、平移、缩放、旋转、动态观察等工具。其中，全导航控制盘整合了多个常用的导航工具，可以按不同的方式平移、缩放或操作当前模型的视图，如图 1-7 所示。

图 1-7　全导航控制盘

2. Inventor 2023 帮助与学习资源

Inventor 2023 提供多种途径的帮助。图 1-8 所示为 Inventor 2023 界面左下角的帮助区域，其中"帮助"作为 Inventor 概述，可帮助新用户快速熟悉并使用软件；"教程"提供各功能模块的详细介绍，可供各层次用户参考；"新特性"提供当前 Inventor 版本的更新内容，可帮助用户快速掌握各新种工具的使用方法。

图 1-8　Inventor 2023 界面左下角帮助区域

各环境、各工具均提供与当前操作相关的帮助，如图 1-9 所示。

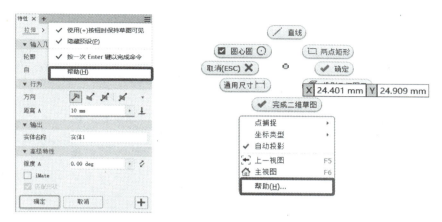

图 1-9 相关"帮助"按钮

此外，用户也可通过访问 Autodesk 软件与服务官网，下载所需的教程或与其他用户进行交流，如图 1-10 所示。

图 1-10 Autodesk 软件与服务官网

1.3 零件建模概述

单击"文件"→"新建"，选择对应的文件类型，即可创建基于此模板的文件，如图 1-11 所示。也可以在主页上单击"新建"按钮，如图 1-12a 所示，打开"新建文件"对话框，如图 1-12b 所示。"新建文件"对话框中提供了用于创建文件的各种模板，通常使用"zh-CN"文件夹中的模板创建文件，默认选项卡中常用模板见表 1-1。新建文件时，选择所需的模板双击即可。如新建零件文件，双击标准零件模板"Standard. ipt"图标，即可创建零件文件并进入零件环境。

图 1-11 新建文件（1）

a)"新建"按钮

b)"新建文件"对话框

图 1-12 新建文件（2）

表 1-1 常用模板

图标	Standard.ipt	Standard.iam	Standard.idw	Standard.dwg	Standard.ipn	Sheet Metal.ipt	Weldment.iam
类型	标准零件	标准部件	工程图（idw）	工程图（dwg）	表达视图	钣金零件	焊接组件

1. 打开文档

将鼠标指针悬停在"打开"选项上，或单击其后的右箭头按钮，显示"打开""打开 DWG""从资源中心打开""导入 DWG""导入 CAD 文件"和"打开样例"选项，如图 1-13 所示。选择"打开"选项，弹出"打开"对话框，如图 1-14 所示。

图 1-13 "打开"选项列表

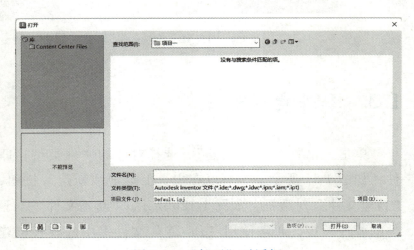

图 1-14 "打开"对话框

2. 创建项目

Inventor 2023 使用项目来标识和管理与设计项目相关的文件和文件夹。进行设计时，为了便于查找和存储文件，应先创建项目文件。

首先，在软件主页里，单击"Default"右侧 ⋮，如图 1-15 所示，单击"设置"。

然后，在弹出的"项目"对话框中，单击"新建"按钮，如图 1-16 所示。在弹出的"Inventor 项目向导"对话框中，选择项目类型为"新建单用户项目"，单击"下一步"按钮，如图 1-17 所示。在弹出的对话框中输入项目文件的名称："创意收纳盒"，并指定项目（工作空间）文件夹所在的位置，单击"下一步"按钮，如

图 1-15　创建项目

图 1-18 所示。在弹出的"Inventor 项目编辑器"对话框中，单击"确定"按钮，如图 1-19 所示。

项目文件创建完成，Inventor 2023 将自动重新打开"项目"对话框，此时"创意收纳盒"项目已经出现在项目名称的列表中，单击"完毕"按钮，如图 1-20 所示。

后续执行保存操作时，Inventor 2023 会自动将文件保存到"创意收纳盒"文件夹中；执行打开操作时，Inventor 2023 将自动到"创意收纳盒"文件夹中查找文件。

图 1-16　"项目"对话框

图 1-17　选择项目类型

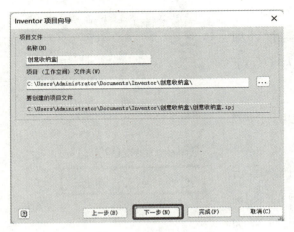

图 1-18 项目内容设置

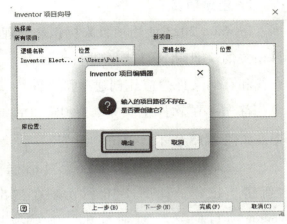

图 1-19 "项目编辑器"对话框

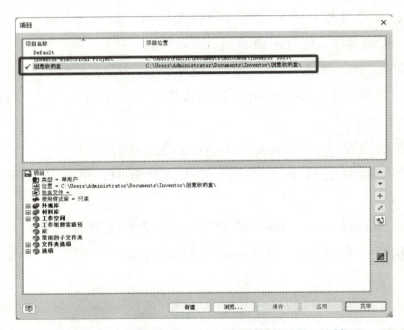

图 1-20 添加完新建项目文件的"项目"对话框

1.4 零件建模流程

在 Inventor 2023 中，零件建模主要有两个过程：绘制草图和添加特征。零件建模的一般流程如下：

1. 零件形体分析或工程图分析

对于形状较为复杂的零件，一次性完成建模的难度很大。这时，首先对零件的形体或工程图进行分析，将其划分为简单的元素，再进行组合，从而降低复杂零件的建模难度并减少错误。

2. 绘制草图

根据零件形体分析或工程图分析的结果绘制截面轮廓草图或路径草图，如图 1-21 所示。

3. 添加特征

特征包括草图特征和放置特征等，用于将草图生成实体或曲面，或在已有的实体上添加倒角和圆角等，如图 1-22 所示。

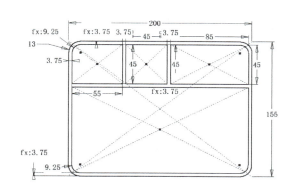

图 1-21　绘制草图

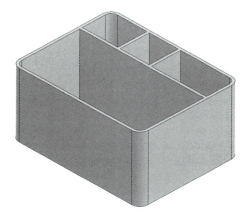

图 1-22　添加特征

第2章 零件建模

2.1 草图绘制

2.1.1 草图绘图工具

在默认状态下，选择标准零件模板"Standard. ipt"新建零件文件后将自动进入草图环境，用于绘制草图的工具按钮位于工具面板的"草图"选项卡中，如图 2-1 所示。

图 2-1　草图绘图工具

下面逐一介绍该区域中的各种工具的使用方法。

1. 直线

直线工具的使用方法为：通过两次单击鼠标左键（以下简称单击），分别确定起点和终点，可创建一条线段，如图 2-2a 所示；通过多次单击确定多个点，可创建首位相接的多条线段，如图 2-2b 所示；通过在已有几何图元的端点按住鼠标左键不放并拖动，可创建与已有几何图元相切或垂直的圆弧，拖出的位置不同，圆弧的形式也有所不同，共可生成 8 种不同的圆弧，如图 2-2c 和 d 所示。

2. 圆

圆工具共有两种，分别为圆心圆和相切圆，可通过单击"圆"图标下的下拉箭头选择。若使用圆心圆工具创建圆，第一次单击确定圆心，第二次单击确定圆上任意一点，如图 2-3a 所示。若使用相切圆工具创建圆，通过依次单击选择相切的对象，当所选择的对象能唯一确定一个相切圆时，即可完成相切圆的创建，如图 2-3b 所示。

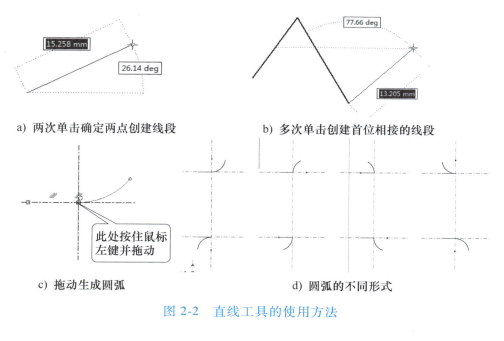

a) 两次单击确定两点创建线段　　　b) 多次单击创建首位相接的线段

c) 拖动生成圆弧　　　　　　　d) 圆弧的不同形式

图 2-2　直线工具的使用方法

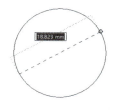
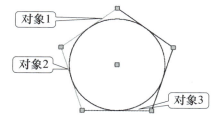

a) 两次单击分别确定圆心及圆上一点创建圆　　　b) 依次单击选择相切对象创建圆

图 2-3　圆工具的使用方法

3. 圆弧

圆弧工具共有三种，分别为三点圆弧、相切圆弧和圆心圆弧。若使用三点圆弧工具创建圆弧，需进行三次单击，分别对应圆弧的起点、终点和圆弧上任意一点，如图 2-4a 所示。若使用相切圆弧工具创建圆弧，需进行两次单击，分别用于指定相切的对象和圆弧的终点，如图 2-4b 所示；若使用圆心圆弧工具创建圆弧，需进行三次单击，分别用于指定圆弧的圆心、起点和终点，如图 2-4c 所示。

4. 矩形

矩形工具共有两种，分别为两点矩形和三点矩形。两点矩形工具通常用于创建与坐标轴平行或垂直的矩形，使用该工具创建矩形，需两次单击分别确定矩形的两对角点，从而完成矩形的创建，如图 2-5a 所示；三点矩形工具通常用于创建

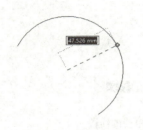
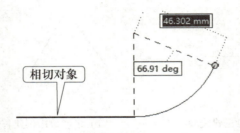
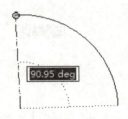

a) 指定起点、终点和圆
弧上任意一点创建三点圆弧

相切对象

b) 指定相切对象和圆弧
终点创建相切圆弧

c) 指定圆弧的圆心、起点
和终点创建圆心圆弧

图 2-4　圆弧工具的使用方法

与坐标轴无平行或垂直关系的矩形，使用该工具创建矩形，需首先通过两次单击确定矩形一边的起点和终点，再通过单击确定矩形对边的位置，从而完成矩形的创建，如图 2-5b 所示。

两点中心用于创建已知矩形中心位置的矩形，先选择矩形的中心点，再单击对角点确定矩形的长和宽，从而完成矩形的创建，如图 2-5c 所示。三点中心通常

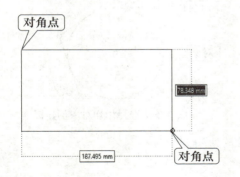
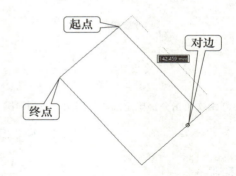

a) 两次单击分别确定矩
形两对角点创建两点矩形

b) 两次单击确定矩形一边起点和终点，
再单击确定矩形对边创建三点矩形

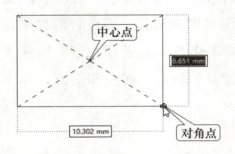
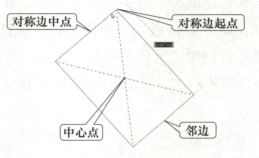

c) 两次单击确定矩形
中心点和一个对角点

d) 四次单击分别确定矩形的中心、
对称边的起点和中点、邻边上的点

图 2-5　矩形工具的使用方法

用于创建已知矩形中心点且与坐标轴无平行或垂直关系的矩形，使用该工具创建矩形，首先单击矩形的中心点，再单击矩形的对称边的起点和中点，再通过单击确定其邻边的位置，从而完成矩形的创建，如图 2-5d 所示。

5. 点

草图中的点常用于确定打孔特征的孔心位置，也可在草图中起到辅助定位作用。使用点工具，可在圆心、线段中点、几何图元的交点等位置创建点，如图 2-6 所示。

a) 点工具在工具面板中的位置　　　　b) 点工具的使用

图 2-6　点工具

6. 多边形

多边形工具分为内切多边形和外切多边形两种形式。单击多边形工具将打开多边形工具对话框，可在该对话框中指定多边形的边数，并指定创建多边形的方式（内切或外切），如图 2-7a 和 b 所示。若选择内切方式，则需通过两次单击分别确定多边形的中心点和某一顶点，从而完成多边形的创建，如图 2-7c 所示。若选择外切方式，则需通过两次单击分别确定多边形的中心点和某一边上的点以完成多边形的创建，如图 2-7d 所示。

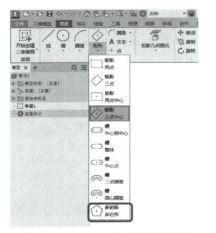

a) 多边形工具在工具面板中的位置

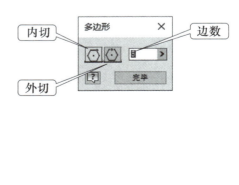

b) 多边形工具对话框

图 2-7　多边形工具

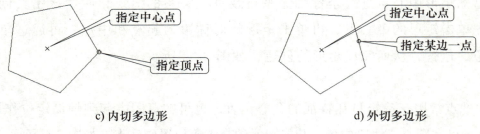

c) 内切多边形   d) 外切多边形

图 2-7   多边形工具（续）

7. 圆角与倒角

圆角工具用于在拐角或两线的交点位置添加指定半径的圆弧，倒角工具用于在任意两条线的交点处添加倒角。两者可通过工具按钮右侧的箭头进行切换，如图 2-8 所示。

若使用圆角工具，可首先在圆角对话框中输入圆角半径，然后选择拐角，完成圆角的添加，如图 2-9a 所示。若使用倒角工具，可首先选择倒角的方式并输入相关的长度或角度数值，然后选择拐角，完成倒角的添加，如图 2-9b 所示。

图 2-8   圆角与倒角工具切换

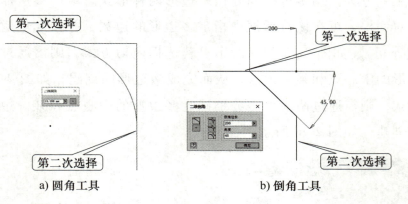

a) 圆角工具   b) 倒角工具

图 2-9   圆角与倒角工具

8. 椭圆

使用椭圆工具创建椭圆，需通过三次单击进行创建，分别用于确定椭圆的中心点、椭圆一轴的端点及椭圆上任意一点，如图 2-10 所示。

9. 样条曲线

通过单击指定多个点，并在最后一个点指定完成后按回车键，可完成样条曲线的创建。单击指定的点称为样条曲线的控制点，样条曲线的每一个控制点位置均有控制柄，单击选中控制点后右击，勾选右键菜单中的"激活控制柄"选项，

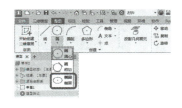 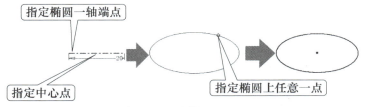

a) 椭圆工具在工具面板中的位置   b) 椭圆工具的使用

图 2-10   椭圆工具

然后调整控制柄的大小与方向，可进一步调整样条曲线的形状，如图 2-11 所示。

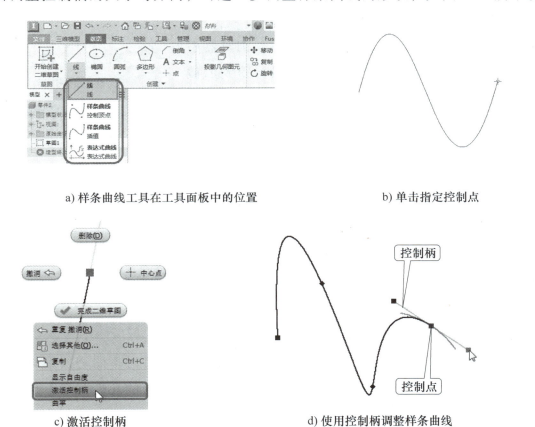

a) 样条曲线工具在工具面板中的位置   b) 单击指定控制点

c) 激活控制柄   d) 使用控制柄调整样条曲线

图 2-11   样条曲线工具

10. 投影几何图元与投影切割边

投影几何图元工具可将现有边、顶点、定位特征等投影到草图平面，如图 2-12a 所示。投影切割边则可自动求解现有结构与草图平面的交线，如图 2-12b 所示。投影几何图元与投影切割边工具可通过下拉箭头切换，如图 2-12c 所示，两者得到的结果常作为创建草图时的定位参考。

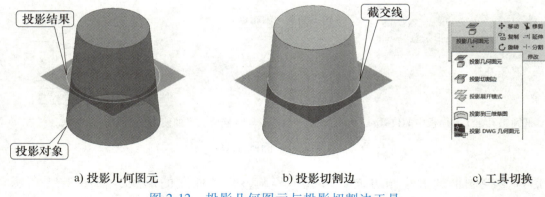

a) 投影几何图元   b) 投影切割边   c) 工具切换

图 2-12   投影几何图元与投影切割边工具

使用投影切割边工具获得截交线后，浏览器中草图下会出现相应的内容。若需删除投影得到的截交线，需在浏览器中将其选中并右击，选择右键菜单中的"删除"选项，如图 2-13 所示。

图 2-13   截交线删除

2.1.2   草图编辑工具

用于编辑草图的工具按钮位于工具面板的"草图"选项卡的"修改"区域与"阵列"区域，如图 2-14 所示。

下面逐一介绍该区域中各工具的使用方法。

1. 修剪

修剪工具可将完整的直线段或曲线段以其他几何图元的为分界剪断并删除。使用修剪工具对草图进行编辑，首先单击"修剪"工具按钮，接下来将鼠标移至图形区待修剪的几何图元上预览修剪结果，然后单击确认修剪，如图 2-15 所示。

图 2-14   草图编辑工具

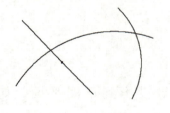 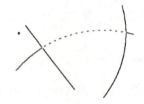 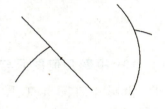

a) 修剪前(包含一条   b) 单击修剪工具后，在图形区中   c) 单击确认，
  线段与两段圆弧)   悬停在修剪对象上方预览修剪结果   完成修剪

图 2-15   修剪工具的使用方法

2. 延伸

修剪工具可将直线段或曲线段延长至其他几何图元。延伸工具的使用方法与修剪工具相似，如图 2-16 所示。

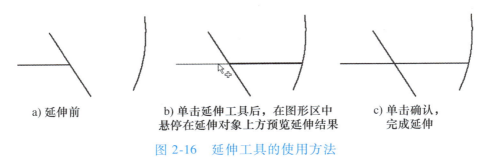

a) 延伸前   b) 单击延伸工具后，在图形区中 c) 单击确认，
         悬停在延伸对象上方预览延伸结果 完成延伸

图 2-16 延伸工具的使用方法

3. 分割

分割工具可将几何图元以其他几何图元为分界分成多个部分，如图 2-17 所示。

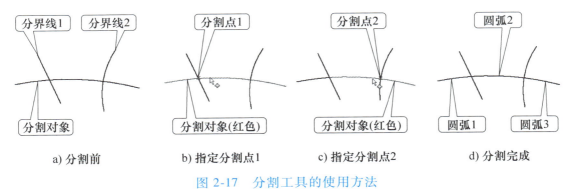

a) 分割前   b) 指定分割点1   c) 指定分割点2   d) 分割完成

图 2-17 分割工具的使用方法

4. 移动

移动工具用于改变几何图元在草图平面当中的位置。使用移动工具改变几何图元位置时，首先单击"移动"工具按钮，打开"移动"对话框，单击对话框中"选择"前的箭头按钮并在图形区中选择待移动的几何图元，接下来单击对话框中"基准点"前的箭头按钮并在图形区中指定移动过程中的基准点，然后在图形区中拖动鼠标改变基准点的位置，从而改变所有选中的几何图元在草图平面中的位置，如图 2-18 所示。

若勾选移动对话框中的"复制"复选按钮，则将复制所选几何图元至指定的位置，同时原有的几何图元的位置不变；若勾选"精确输入"复选按钮，则可通过输入坐标的方式指定几何图元移到的位置；若勾选"优化单个选择"复选按

图 2-18 移动工具的使用方法

钮，则选择单一几何图元后对话框将直接前进到基准点的选择，而不允许继续选择其他几何图元。

除使用"移动"工具改变几何图元在草图中的位置外，通过在图形区中选中几何图元并拖动的方式也可改变几何图元的位置，但后者可能会改变选中几何图元的形状或大小。

5. 复制

复制工具用于快速创建与已有几何图元相同的几何图元。复制工具的使用方法与移动工具相似，如图 2-19 所示。

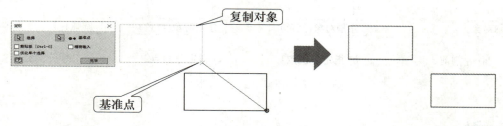

图 2-19 复制工具的使用方法

若勾选"剪贴板"复选按钮，则可将选定的几何图元保存到剪贴板中，以便再次粘贴使用。

6. 旋转

旋转工具用于改变几何图元的角度或方向，如图 2-20 所示。

7. 偏移

偏移工具用于将选定的几何图元以等间距的方式复制并移动。使用偏移工具时，首先单击"偏移"工具按钮，接下来在图形区中选择偏移对象，然后拖动鼠标预览偏移结果，在所需位置单击确定，如图 2-21 所示。

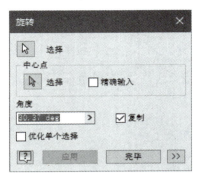 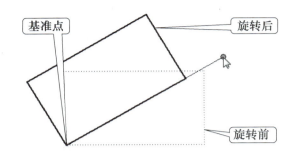

图 2-20　旋转工具的使用方法

　　偏移工具可对某一回路进行整体偏移，也可对单一几何图元进行偏移，两者的切换可通过单击偏移工具按钮，激活偏移工具后右击，选择是否勾选右键菜单中的"回路选择"选项来进行，如图 2-22 所示。

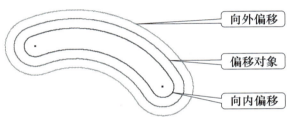 

图 2-21　偏移工具的使用方法　　　　　　　　图 2-22　回路选择

8. 缩放

　　缩放工具用于将选定的几何图元按照指定的比例放大或缩小，如图 2-23 所示。

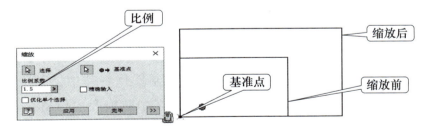

图 2-23　缩放工具的使用方法

9. 拉伸

拉伸工具用于改变几何图元的形状，如图 2-24 所示。

10. 矩形阵列

矩形阵列工具可将选定的几何图元按照两个给定的方向、间距及数量进行复

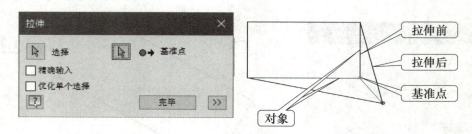

图 2-24　拉伸工具的使用方法

制。矩形阵列工具的使用方法如图 2-25 所示。

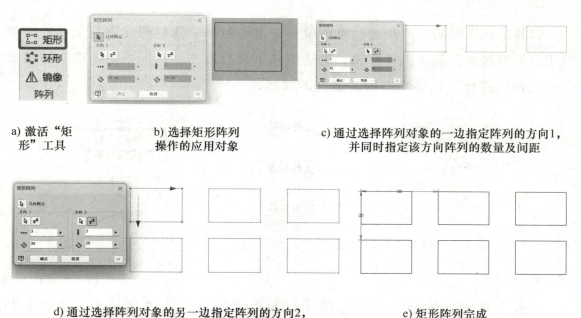

a) 激活"矩　　　b) 选择矩形阵列　　　c) 通过选择阵列对象的一边指定阵列的方向1,
形"工具　　　　操作的应用对象　　　　　并同时指定该方向阵列的数量及间距

d) 通过选择阵列对象的另一边指定阵列的方向2,　　　　e) 矩形阵列完成
并同时指定该方向阵列的数量及间距

图 2-25　矩形阵列工具的使用方法

　　阵列得到的几何图元间保持形状相同、大小相等，改变任一几何图元，其余相关几何图元均会发生相应的变化。在图形区中选中矩形阵列的对象或某一阵列，可通过右键菜单对矩形阵列进行删除、编辑或抑制操作。其中，删除或编辑将对整个阵列产生作用，而抑制则仅对选中的一个或多个对象产生作用。

11. 环形阵列

　　环形阵列工具可将选定的几何图元在指定的角度范围内，按给定的中心及数量沿环形复制。环形阵列工具的使用方法如图 2-26 所示。

12. 镜像

　　镜像工具可将选定的几何图元复制并作对称变换。镜像工具的使用方法如图 2-27 所示。

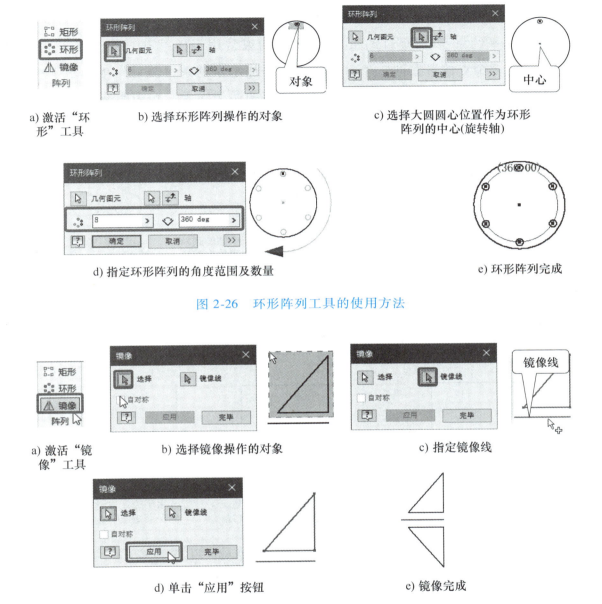

a) 激活"环形"工具
b) 选择环形阵列操作的对象
c) 选择大圆圆心位置作为环形阵列的中心(旋转轴)
d) 指定环形阵列的角度范围及数量
e) 环形阵列完成

图 2-26　环形阵列工具的使用方法

a) 激活"镜像"工具
b) 选择镜像操作的对象
c) 指定镜像线
d) 单击"应用"按钮
e) 镜像完成

图 2-27　镜像工具的使用方法

2.1.3　草图约束工具

用于约束草图的工具按钮位于工具面板的"草图"选项卡的"约束"区域,如图 2-28 所示。草图约束工具可分为几何约束工具和尺寸约束工具两类。

图 2-28　草图约束工具

1. 几何约束工具

草图几何约束工具用于控制草图的形状。

（1）水平约束 ▭ 与竖直约束 ⊩ 　水平约束常用于使某一直线呈水平状态，也常用于将多个点放置在同一条水平线上。添加水平约束，需首先单击水平约束按钮将其激活，然后依次选择待应用水平约束的两个对象；也可首先将待应用水平约束的多个对象同时选中（按〈Ctrl〉键多选），然后单击水平约束按钮为选中的对象添加约束，如图 2-29 所示。

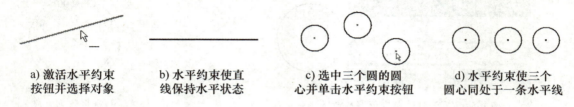

a) 激活水平约束　　b) 水平约束使直　　c) 选中三个圆的圆　　d) 水平约束使三个
按钮并选择对象　　线保持水平状态　　心并单击水平约束按钮　　圆心同处于一条水平线

图 2-29　水平工具

竖直约束的作用与应用方法与水平约束相似。另外，水平约束与竖直约束还常用于保证某一图形的中心位于原始坐标的原点，如图 2-30 所示。

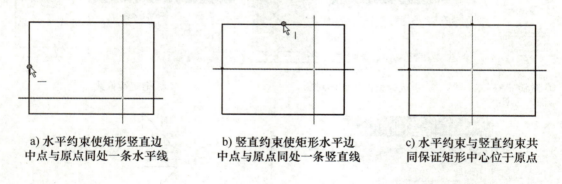

a) 水平约束使矩形竖直边　　b) 竖直约束使矩形水平边　　c) 水平约束与竖直约束共
中点与原点同处一条水平线　　中点与原点同处一条竖直线　　同保证矩形中心位于原点

图 2-30　水平约束与竖直约束的应用

（2）平行约束 ⫽ 与垂直约束 ⊻ 　平行约束与垂直约束用于为线性几何图元间添加平行或垂直关系，如图 2-31 和图 2-32 所示。

a) 选择第一个对象　　b) 选择第二个对象　　c) 平行约束添加完成

图 2-31　平行约束

a) 选择第一个对象　　b) 选择第二个对象　　c) 垂直约束添加完成

图 2-32　垂直约束

（3）重合约束 ⌐ 与同心约束 ◎　重合约束用于将点约束到其他几何图元，如图 2-33 所示；同心约束用于将圆或圆弧的圆心重合，如图 2-34 所示。

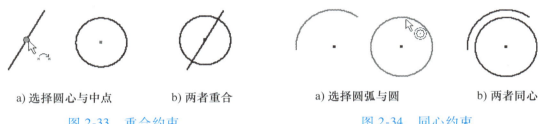

a) 选择圆心与中点　　b) 两者重合

图 2-33　重合约束

a) 选择圆弧与圆　　b) 两者同心

图 2-34　同心约束

（4）等长约束 ＝ 与共线约束 ⤢　等长约束用于使线段与线段长度相等或圆（弧）与圆（弧）半径相等，如图 2-35 所示；共线约束用于使线段与线段位于同一条直线上，如图 2-36 所示。

a) 选择两条直线　　b) 两者等长

图 2-35　等长约束

a) 选择两条直线　　b) 两者共线

图 2-36　共线约束

（5）相切约束 ⟲ 与平滑约束 〰　相切约束用于指定曲线与曲面间的相切关系，如图 2-37 所示；平滑约束用于在样条曲线与其他曲线（如直线、圆弧等）之间确定曲率连续关系，如图 2-38 所示。

a) 选择直线与圆　b) 两者相切

图 2-37　相切约束

a) 选择样条曲线与圆弧　　b) 两者曲率连续

图 2-38　平滑约束

（6）固定约束 🔒　固定约束用于将点或曲线固定在草图平面的某一位置，如图 2-39 所示。

（7）对称约束 ⊡　对称约束用于使选定的几何图元关于选定的直线对称，如图 2-40 所示。

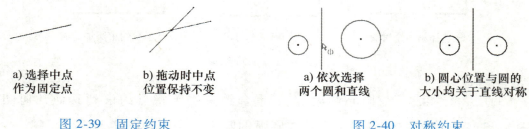

a) 选择中点
作为固定点

b) 拖动时中点
位置保持不变

图 2-39　固定约束

a) 依次选择
两个圆和直线

b) 圆心位置与圆的
大小均关于直线对称

图 2-40　对称约束

2. 尺寸约束工具

草图尺寸约束工具用于控制草图的大小。

草图的尺寸约束可由工具面板中的通用尺寸按钮创建，如图 2-41 所示。使用通用尺寸按钮，可直接添加线性尺寸约束、角度尺寸约束与圆类尺寸约束，如图 2-42 所示。

图 2-41　通用尺寸工具按钮

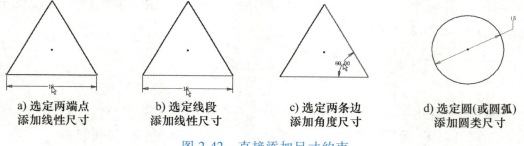

a) 选定两端点
添加线性尺寸

b) 选定线段
添加线性尺寸

c) 选定两条边
添加角度尺寸

d) 选定圆(或圆弧)
添加圆类尺寸

图 2-42　直接添加尺寸约束

若将某一直线的特性改为中心线（方法为选中直线后单击草图工具面板格式区域中的中心线按钮），依次选择点（或线）与中心线便可为其添加完整的直径尺寸，如图 2-43 所示。

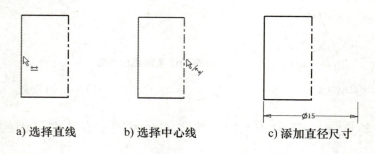

a) 选择直线　　　　b) 选择中心线　　　　c) 添加直径尺寸

图 2-43　添加完整的直径尺寸

单击通用尺寸按钮并在图形区中选定几何图元后右击，可根据需要选择不同的尺寸形式，如图 2-44 所示。

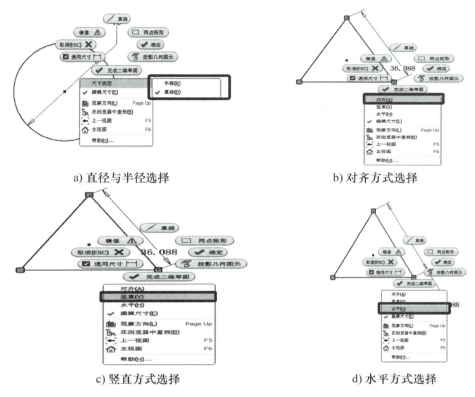

a) 直径与半径选择　　　　　　　　　　b) 对齐方式选择

c) 竖直方式选择　　　　　　　　　　d) 水平方式选择

图 2-44　通过右键菜单选择不同的尺寸约束方式

若需从圆的相切位置引出尺寸线，可首先选择直线或圆弧，然后在另一个圆弧位置移动，待出现相切提示符号时单击确定引出尺寸线，如图 2-45 所示。

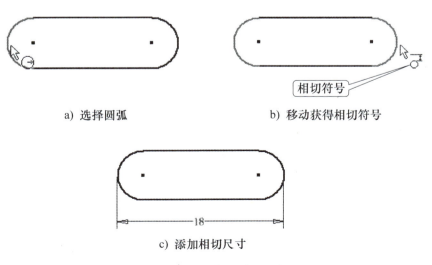

a) 选择圆弧　　　　　　　　　　b) 移动获得相切符号

c) 添加相切尺寸

图 2-45　添加相切尺寸

3. 约束的自动识别与添加

默认状态下，绘制草图时系统会自动推测并添加约束，如图 2-46 所示，系统将为第三条线段自动添加与第一条线段平行的几何约束。

若需改变自动约束的添加对象，如图 2-47 所示，在直线创建过程中，需要添加第三条线段和第二条线段的垂直约束，可在单击确定第三条线段的右端点前将鼠标移至第二条线段的上方并稍作停留，再次移开并在相应的位置单击确定，便可自动添加两者的垂直约束。

若不希望自动识别及添加约束，可在绘制几何图元时按〈Ctrl〉键以达到禁用此功能的目的。

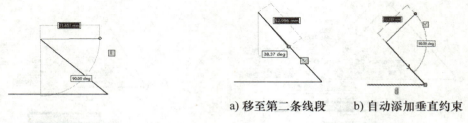

a) 移至第二条线段   b) 自动添加垂直约束

图 2-46　平行约束的自动添加   图 2-47　自动约束对象的选择

4. 约束的查看与编辑

对于几何约束，在图形图的空白位置右击，选择右键菜单中的"显示所有约束"，可对已经添加的所有几何约束进行查看；在某一几何图元上单击选中该图元，软件自动显示该图元的相关约束，如图 2-48 所示。若需修改某一约束，首先应将其选中并右击，然后选择右键菜单中的删除，如图 2-49 所示。

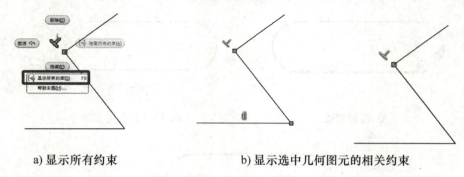

a) 显示所有约束   b) 显示选中几何图元的相关约束

图 2-48　几何约束的查看

对于尺寸约束，创建完成便可对其进行查看。若需调整尺寸大小，可在退出通用尺寸工具后在图形区中单击相应的数值，并在打开的尺寸对话框中输入新的数值以完成修改，如图 2-50 所示。若需在添加尺寸约束后直接对其进行修改，可在激活通用尺寸工具的情况下在图形区中右击，并勾选右键菜单中的"编辑尺寸"选项，如图 2-51 所示。

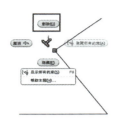

图 2-49　删除几何约束　　　图 2-50　更改尺寸　　　图 2-51　勾选编辑尺寸

2.2　基于草图的零件建模

默认状态下，选择标准零件模板"Standard.ipt"新建零件文件后，将自动进入三维模型环境。用于绘制三维模型的工具按钮位于工具面板的"三维模型"选项卡的"创建"区域，如图 2-52 所示。

图 2-52　基于草图的零件建模工具

下面逐一介绍该区域中的各种三维模型工具的使用方法。

1. 拉伸

（1）拉伸工具的使用方法　单击"三维模型"选项卡"创建"区域的"拉伸"按钮，选择 YZ 平面，如图 2-53a 所示。使用草图中的命令绘制如图 2-53b 所示的草图。然后单击"完成草图"按钮退出草图，如图 2-53c 所示。选择要拉伸的轮廓，输入距离"116"，如图 2-53d 所示。完成拉伸特征创建，效果如图 2-53e 所示。

（2）特性参数设置　默认情况下，"拉伸"由封闭截面轮廓创建实体，也可以从开放或封闭截面轮廓将草图拉伸为曲面体。在特性面板的右上方，可选择曲面模式 $\square$ 。

1）"输入几何图元"参数。默认情况下，截面轮廓选择器处于激活状态。

一个截面轮廓：如果草图仅包含一个封闭的截面轮廓，其将被自动选中。

a) 选择YZ平面　　b) 绘制草图　　c) 退出草图　　d) 拉伸参数　　e) 拉伸效果图

图 2-53　拉伸工具的使用方法

多个截面轮廓：选择定义所需的拉伸或实体的截面轮廓或面域。

介于两面之间 ⊥：在两个面之间拉伸形状时使用。选择"自"和"到"面，然后选择"输出"类型。草图不必位于任一面上。

2）"行为"参数。

默认方向：仅沿一个方向拉伸。拉伸终止面平行于草图平面。

翻转方向：沿与"方向"值相反的方向拉伸。

对称：从草图平面沿相反方向拉伸，每个方向上使用指定"距离 A"值的一半。

不对称：使用两个值（"距离 A"和"距离 B"）从草图平面沿相反方向拉伸。需要为每个距离输入值。单击 ⟳ 按钮可使用指定的值反转拉伸方向。

"距离 A"：指定起始平面与终止平面之间的拉伸深度。对于基础特征，"距离 A"显示已拉伸截面轮廓或输入值的负或正距离。拖动操纵器可修改该值。

"距离 B"：指定第二个方向上的深度。选中"不对称"时将会显示该选项。

贯通 ：在指定方向上贯通所有特征和草图拉伸截面轮廓。拖动截面轮廓的边，可以将拉伸反向到草图平面的另一侧。"求并"操作不可用。

到 ：对于零件拉伸，选择终止拉伸的终点、顶点、面或平面。对于点和顶点，在平行于通过选定的点或顶点的草图平面上终止零件特征；对于面或平面，在选定的面上或者在延伸到终止平面外的面上终止零件特征。

3）"高级特性"参数。锥度 A，即设置垂直于草图平面的扫掠斜角，值范围在 0～180°之间。

4）"输出"参数。在"输出"选项中，可以指定布尔运算类型：

求并 ：将拉伸特征产生的体积添加到另一个特征或实体，对部件拉伸不可用。

求差 ：将拉伸特征产生的体积从另一个特征或实体中去除。

求交 ：根据拉伸特征与另一个特征的公共体积创建特征。删除公共体积中不包含的材料。对部件拉伸不可用。

新建实体 ：创建实体。如果拉伸是零件文件中的第一个实体特征，则此选项是默认选项。选择该选项可在包含现有实体的零件文件中创建单独的实体。每个实体均是独立的特征集合，独立于与其他实体而存在。实体可以与其他实体共享特征。如果有需要，可以重命名实体。

2. 旋转

（1）旋转工具的使用方法 单击"三维模型"选项卡"创建"区域的"旋转" 按钮，选择 XY 平面作为草图平面，如图 2-54a 所示。绘制草图，如图 2-54b 所示。单击"完成草图"按钮退出草图，如图 2-54c 所示，选择轮廓进行旋转，旋转角度 A 为 360°，单击"确定"按钮，完成旋转特征创建如图 5-54e 所示。

（2）特性参数设置 图 2-54d 所示特性面板的右上方是特征类型，特征类型分实体和曲面两类。

实体（默认） ：从开放或封闭的截面轮廓创建实体特征。基础特征不能选择开放截面轮廓。

曲面 ：从开放或封闭的截面轮廓创建曲面特征。特征可以用作构造曲面来终止其他特征，或用作分割工具来创建分割零件，或将零件分割成多个实体。曲

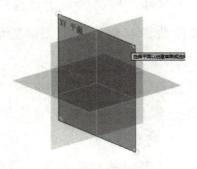

a) 选择XY平面

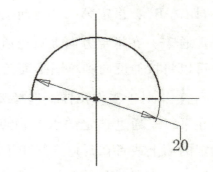

b) 绘制草图

c) 退出草图

d) 旋转参数

e) 旋转效果图

图 2-54   旋转工具的使用方法

面选择对于部件旋转或基本要素不可用。

1）"输入几何图元"参数。默认情况下，截面轮廓选择器处于激活状态。

一个截面轮廓：自动选择该截面轮廓。

多个截面轮廓：选择定义要创建的旋转特征的截面轮廓、回路或面域。

"轴"：在显示中单击鼠标右键，然后选择"继续"，或单击特性面板选择器，然后从激活的草图中选择一个轴。

2）"行为"参数。

默认：仅沿一个方向旋转。

翻转：沿与"方向"值相反的方向旋转（默认）。

对称：从草图平面沿相反方向旋转，且在每个方向上使用指定"角度 A"值的一半。

不对称：使用两个值（"角度 A"和"角度 B"）从草图平面沿相反方向旋转。需要为每个角度输入值。单击 反向，可交换角度值。

"角度 A"：指定起始平面与终止平面之间的旋转角度。拖动操纵器将以 5° 为增量修改值。

"角度 B"：指定第二个方向的角度。选中"不对称"时会显示该选项。

⟳完全：将截面轮廓旋转 360°。

到↓：对于零件旋转，需要终止面或平面以在其上终止旋转。如果终止面与旋转特征不相交，则该面将自动延伸以创建特征，可使用♨最短方式选项解决该问题。

3)"输出"参数。可以指定布尔运算类型：

求并🖶：将旋转特征产生的体积添加到另一个特征或实体，在部件环境中不可用。

求差🖳：将旋转特征产生的体积从另一个特征或实体中去除。

求交🖳：根据旋转特征与另一个特征的公共体积创建特征。删除公共体积中不包含的材料。在部件环境中不可用。

新建实体🖳：创建实体。每个实体均为与其他实体分离的独立的特征集合。如果有需要，可以重命名实体。

3. 扫掠

（1）扫掠工具的使用方法　单击"三维模型"选项卡"创建"区域的"草图"按钮，选择 XY 平面，绘制草图 A 如图 2-55a 所示，单击"完成草图"退出草图。再次单击创建草图，选择 YZ 平面作为草图平面，绘制草图 B 如图 2-55b 所示，单击"完成草图"按钮退出草图。单击扫掠🖥按钮，将草图 A 选择为共具体，如图 2-55c 所示；将草图 B 选择为路径，如图 2-55d 所示。扫掠参数的设置如图 2-55e 所示，单击"确定"按钮完成扫掠特征的创建，效果如图 2-55f 所示。

（2）特性参数设置

1)"输入几何图元"参数。如果有需要，可在特性面板中启用实体扫掠🖳按钮。

2)"行为"参数。方向可选择跟随路径🖳、固定🖳、对齐🖳。

3)"输出"参数。模型中具有零个或一个实体的默认输出为"新建实体"。特性面板的"输出"部分将不会显示。如果模型中有多个实体，则将显示以下选项：

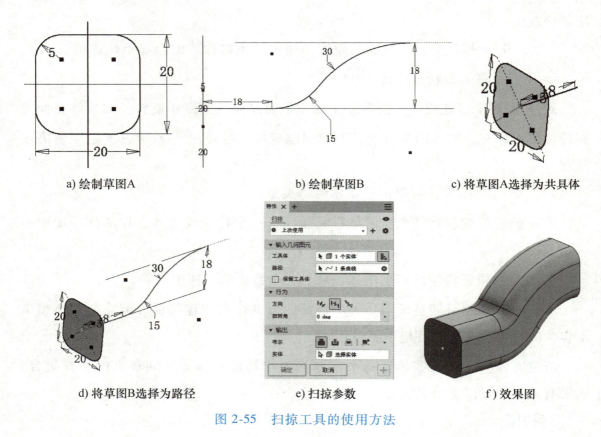

a) 绘制草图A   b) 绘制草图B   c) 将草图A选择为共具体

d) 将草图B选择为路径   e) 扫掠参数   f) 效果图

图 2-55 扫掠工具的使用方法

求并：将扫掠特征产生的体积添加到另一个特征或实体，在部件环境中不可用。

求差：将扫掠特征产生的体积从另一个特征或实体中删除。

求交：根据扫掠特征与另一个特征的公共体积创建特征。删除公共体积中不包含的材料。在部件环境中不可用。

新建实体：创建实体，每个实体均为与其他实体分离的独立的特征集合。实体可以与其他实体共享特征。如果有需要，可以重命名实体。

4. 凸雕

（1）凸雕工具的使用方法　首先单击平面命令，选择零件下表面，单击鼠标向上滑动，输入距离为-10mm，如图 2-56a 所示。单击草图，选择新建平面，选择文字命令，框选文字区域，输入"Inventor"，如图 2-56b 所示。单击"完成草图"按钮后退出，使用凸雕命令，选择上一步绘制出来的"Inventor"字样草图，输入深度为 1mm，如图 2-56c 所示，单击"确定"按钮，完成凸雕，效果如图 2-56d 所示。

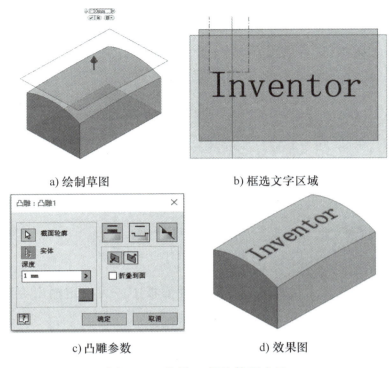

a) 绘制草图　　　　　　　　　　　b) 框选文字区域

c) 凸雕参数　　　　　　　　　d) 效果图

图 2-56　凸雕工具的使用方法

（2）凸雕参数设置

1）截面轮廓 ▷。在图形窗口中，单击选择要凸雕或凹雕的一个或多个截面轮廓（草图几何图元或文本）。

2）凸雕类型。

从面凸雕 ▭：升高截面轮廓区域。

从面凹雕 ▭：凹进截面轮廓区域。

从平面凸雕/凹雕 ◩：通过从草图平面向两个方向或一个方向拉伸，向模型中添加和从中去除材料。如果向两个方向拉伸，则会根据相对于零件的截面轮廓位置删除和添加材料。

5. 螺旋扫掠

（1）螺旋扫掠工具的使用方法　单击"开始创建二维草图"按钮选择 YZ 平面作为草图平面，绘制草图，如图 2-57a 所示，单击"完成草图"退出草图。单击"三维模型"选项卡"创建"区域的"螺旋扫掠" 🌀 按钮，（软件系统会自动选择上一步绘制的草图作为螺旋扫掠轮廓），将轴选择为 X 轴，参数设置如图 2-57b 所示，单击"确定"按钮完成螺旋扫掠，效果如图 2-57c 所示。

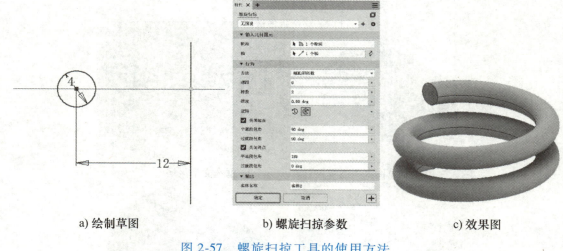

a) 绘制草图　　　　　　　　b) 螺旋扫掠参数　　　　　　c) 效果图

图 2-57　螺旋扫掠工具的使用方法

（2）特性参数设置　在螺旋扫掠的特性面板中，可指定输出类型。

实体█：从开放或封闭截面创建实体特征。

曲面▢：从开放或封闭截面创建曲面特征。可以为终止其他特征的构造曲面，或者用于创建分割零件的分割工具。

1）"输入几何图元"参数，可选择表示螺旋扫掠特征横截面的轮廓。

轮廓：选择一个或多个轮廓以创建螺旋扫掠实体。

轴：单击旋转轴，可以使用"反向"选项反转特征的方向。

2）"行为"参数，可指定所显示字段的参数。

方法：从"螺距和转数""转数和高度"或"螺距和高度"中进行选择。

螺距：指定螺旋线绕轴旋转一周的高度增量。

转数：指定螺旋扫掠的转数。该值必须大于零，但是可以包含小数（如 1.5）。转数包括指定的任何终止条件。

高度：指定螺旋扫掠心到终止轮廓中心的高度。

锥度：根据需要，为除"平面螺旋"之外的所有螺旋扫掠类型指定锥角。

旋转：可选择左旋⊙和右旋Ⓡ。

选择起始过渡方法和角度：若要使螺旋扫掠自然终止，没有过渡，可以取消选择"关闭起点"和"关闭终点"。

关闭起点：指定起点端类型。

平底段包角：在螺旋扫掠螺距内创建过渡角。例如，输入"过渡段包角"，再输入"平底段包角"（最大为 360°），使其能直立在平面上。

过渡段包角：螺旋扫掠获得起始过渡的距离（单位为°，一般少于一圈）。图 2-57c 中显示顶部为自然结束，底部是 1/4 圈（90°）过渡并且未使用平底段包角的螺旋扫掠。

关闭终点：指定终点端类型

平底段包角：螺旋扫掠过渡后不带螺距（平底）的延伸距离（单位为度数）。使从螺旋扫掠的正常旋转的末端过渡到平底端的末尾。示例中显示了与以前显示的过渡段包角相同，但指定了一半转向（180°）的平底段包角的螺旋扫掠。

过渡段包角：螺旋扫掠获得结束过渡的距离（单位为度数，一般少于一圈）。

3）"输出"参数。可指定布尔运算类型。对于基础特征，"输出"参数不会显示，因为仅有一个适用的选择，即"合并"。当模型中存在一个或多个实体时，可以根据需要选择合并、剪切、相交或创建实体。

合并：将放样特征产生的体积添加到另一个特征或实体。

挖方：将放样特征产生的体积从另一个特征或实体中删除。

相交：根据放样特征与另一个特征的公共体积创建特征。删除公共体积中不包含的材料。

创建实体：如果放样是零件文件中的第一个实体特征，则此选项是唯一选项。选择该选项可在当前含有实体的零件文件中创建实体。每个实体均是独立的特征集合，独立于与其他实体而存在。实体可以与其他实体共享特征，如果有需要，可以重命名实体。

6. 加强筋

（1）加强筋工具的使用方法　单击"开始创建二维草图"按钮，选择 XY 平面作为草图平面，绘制草图，如图 2-58a 所示，单击"完成草图"按钮退出草图。单击加强筋，将厚度为 20mm，如图 2-58b 所示，单击"确定"按钮，完成加强筋特征创建，效果如图 2-58c 所示。

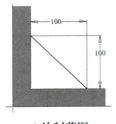  

a）绘制草图　　　　　b）加强筋参数　　　　　c）效果图

图 2-58　加强筋工具的使用方法

（2）加强筋参数设置

1）设置拉伸的方向。

垂直于草图平面：拉伸垂直于草图平面的几何图元，厚度平行于草图平面。

平行于草图平面：拉伸平行于草图平面拉伸几何图元，厚度垂直于草图平面。

单击方向按钮可指定加强筋拉伸的方向。

2）设置加强筋的深度。

在下一个面终止：使加强筋或腹板终止于下一个面。

有限的：设定加强筋或腹板终止的特定距离。

2.3　基于特征的零件建模

默认状态下，选择标准零件模板"Standard. ipt"新建零件文件后，将自动进入三维模型环境。用于绘制三维模型的工具按钮位于工具面板的"三维模型"选项卡的"创建"区域，如图2-59所示，下面逐一介绍该"修改"区域中的各种工具的使用方法。

图2-59　基于特征的零件建模工具

1. 孔

孔工具的使用方法为：单击"开始创建二维草图"按钮选择平面，如图2-60a所示；圆柱体上表面，在圆心用点命令绘制一个点，如图2-60b所示；然后单击"完成草图"按钮退出草图，单击孔按钮，弹出参数设置如图2-60c所示；单击"确定"按钮，完成螺纹孔特征的创建，效果如图2-60d所示。

2. 圆角

圆角工具的使用方法为：单击圆角按钮，选择圆柱体的边，如图2-61a所示。设置圆角半径，单击"确定"按钮，如图2-61b所示，完成圆角特征创建。

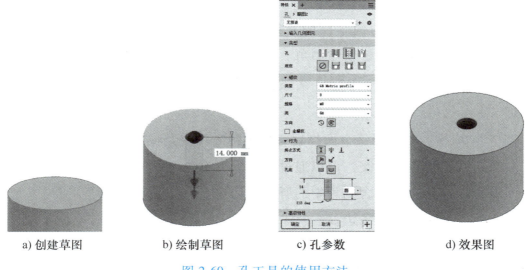

a) 创建草图   b) 绘制草图   c) 孔参数   d) 效果图

图 2-60   孔工具的使用方法

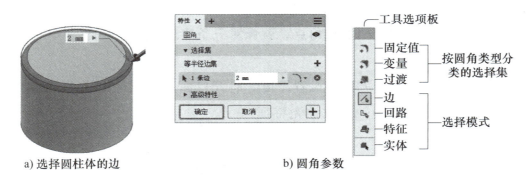

a) 选择圆柱体的边   b) 圆角参数

图 2-61   圆角工具的使用方法

3. 倒角

（1）倒角工具的使用方法   单击倒角按钮，选择圆柱体的边，设置倒角边长，单击"确定"按钮，如图 2-62 所示，完成倒角特征的创建。

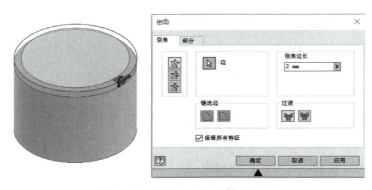

图 2-62   倒角工具的使用方法

（2）倒角参数设置

距离 [图标]：通过指定与两个面的交线偏移同样的距离来定义倒角。选择单条边、多条边或相连的边界链创建倒角。

距离和角度 [图标]：通过指定自某条边的偏移和面到此偏移边的角度来定义倒角。

两个距离 [图标]：在对于每个面都具有指定距离的一条或多条边上创建倒角。

如果边在相切点处相交，可以通过选择以下选项之一来指定链选边条件：

所有相切连接边：包含倒角中的所有相切边。

单个边：一次选择一条边。

如果选择三条或更多条相交边，可在对话框中选择以下选项之一指定过渡外观：

过渡 [图标]：在展平交点处连接倒角。

无过渡 [图标]：在该相交处形成角点，就像对三条边进行铣削一样。

4. 抽壳

（1）抽壳工具的使用方法　设置厚度，将开口面选择零件上表面，如图2-63所示，单击"确定"按钮，完成抽壳特征创建。

（2）抽壳参数设置

向内 [图标]：向零件内部偏移壳壁，原始零件的外壁变为抽壳的外壁。

向外 [图标]：向零件外部偏移壳壁，原始零件的外壁变为抽壳的内壁。

图 2-63　抽壳工具的使用方法

双侧 [图标]：向零件内部和外部以相同距离偏移壳壁，零件的厚度将增加 0.5 倍的抽壳厚度。

5. 拔模

（1）拔模工具的使用方法　单击拔模 [图标] 按钮，选择上端面，如图2-64a所示，然后选择圆柱面，如图2-64b所示，将拔模斜度设为 2.5°，单击"确定"按钮，完成拔模特征创建，如图2-64c所示。

（2）面拔模参数设置　在面拔模的对话框中，可以选择拔模类型。

固定边 [图标]：创建有关每个平面中一个或多个相切的连续固定边的拔模，结果是创建更多的面，如图 2-65 所示。

固定平面🗝：创建固定平面的拔模，根据零件平面或工作平面可确定拔模平面。根据固定平面的位置，拔模可以添加或去除材料。

在图 2-66 中，固定顶面，设置向上为拔模方向，系统将拔模所有侧面，并在固定平面下添加材料。

在图 2-67 中，固定工作平面，系统在固定工作平面之上按拔模方向去除材料，并在固定工作平面之下添加材料。

a) 选择上端面

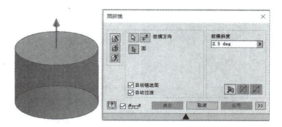

b) 选择圆柱面

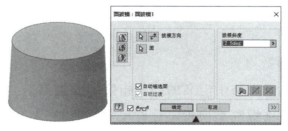

c) 面拔模参数

图 2-64　拔模工具的使用方法

图 2-65　固定边拔模　　　　　　　图 2-66　固定顶面拔模

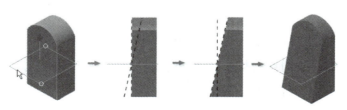

图 2-67　固定工作平面拔模

6. 螺纹

（1）螺纹工具的使用方法　单击螺纹 按钮，选择圆柱面，类型选择为"GB Metric profile"单击"确定"按钮，如图 2-68 所示，完成螺纹特征创建。

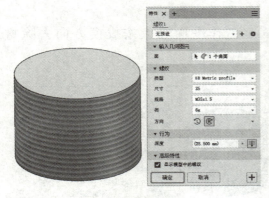

a) 全螺纹　　　　　　　　　　　　　　　　　　　b) 螺纹深度

图 2-68　螺纹工具的使用方法

（2）螺纹参数设置

类型：从电子表格中定义的列表指定螺纹类型。

尺寸：为所选螺纹类型指定公称尺寸（直径）。

规格：指定螺纹螺距。

类：针对选定的尺寸和规格选择螺纹公差等级。

方向：指定螺纹的方向，该项用于螺纹注释，并不影响尺寸和螺纹外观。

螺纹深度：输入所选面的螺纹深度，根据需要指定"偏移"。

深度：（默认）按照选定面的完整长度来设置螺纹，以自动定义偏移、长度和方向。

偏移：如果"深度"设置为"关"，则指定距螺纹起始面的距离。

若要创建新螺纹，可单击右下角 ＋ 按钮。

7. 合并

合并工具的使用方法为：单击合并 ■ 按钮，基本体选择为大圆柱，工具体选择为小圆柱，如图 2-69 所示，选择布尔加运算 ■，单击"确定"按钮，完成实体合并。

图 2-69　合并工具的使用方法

8. 分割

分割工具的使用方法为：单击分割 ![icon] 按钮，选择 XZ 平面，然后单击 ![icon] 按钮，进行设置，单击"确定"按钮，如图 2-70 所示，完成实体分割。

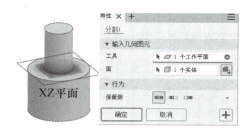

图 2-70　分割工具的使用方法

2.4　定位特征

定位特征是抽象的构造几何图元，当现有几何图元不足以创建和定位特征时，可使用定位特征工具。如图 2-71 所示，创建轴上键槽特征需首先在平面绘制用于创建键槽特征的草图，而零件中并不具有能够放置该草图的平面，此时可首先创建定位特征工作平面，然后在该工作平面上绘制键槽轮廓，从而完成键槽特征的创建。

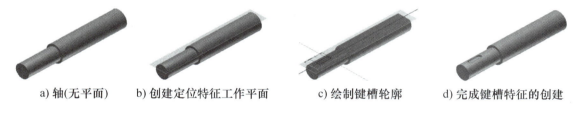

a) 轴(无平面)　　b) 创建定位特征工作平面　　c) 绘制键槽轮廓　　d) 完成键槽特征的创建

图 2-71　定位特征的作用

定位特征工具位于工具面板"三维模型"选项卡的"定位特征"区域，如图 2-72 所示。

图 2-72　定位特征工具

1. 工作平面

（1）主要作用　工作平面是用户自定义的、参数化的坐标平面。工作平面的主要作用有：

1）创建依附于这个面的新草图、工作轴或工作点。

2）提供参考，作为特征的终止面或装配的定位参考面。

（2）创建方法　创建工作平面的常用方法如图 2-73~图 2-78 所示。在执行图 2-73~图 2-78 所示的操作前，需先单击图 2-72 中的平面按钮。

a) 选定平面　　　　　　　b) 拖动并指定距离　　　　　　c) 创建工作平面

图 2-73　通过偏移已有平面创建工作平面

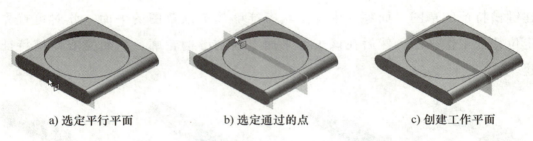

a) 选定平行平面　　　　　　b) 选定通过的点　　　　　　c) 创建工作平面

图 2-74　创建平行于平面且通过点的工作平面

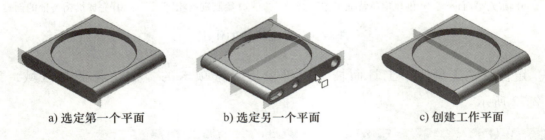

a) 选定第一个平面　　　　　b) 选定另一个平面　　　　　c) 创建工作平面

图 2-75　在两平面的中分面位置创建工作平面

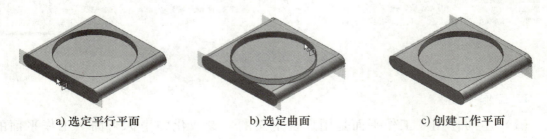

a) 选定平行平面　　　　　　b) 选定曲面　　　　　　c) 创建工作平面

图 2-76　创建平行于已有平面并与曲面相切的工作平面

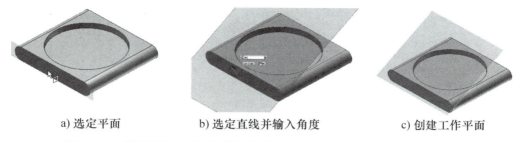

a) 选定平面　　　　b) 选定直线并输入角度　　　　c) 创建工作平面

图 2-77　创建通过选定直线并与指定平面成一定角度的工作平面

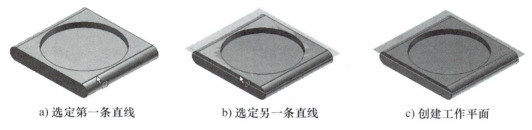

a) 选定第一条直线　　　　b) 选定另一条直线　　　　c) 创建工作平面

图 2-78　创建由两条直线确定的工作平面

2. 工作轴

（1）主要作用　工作轴是依附于实体的几何直线。工作轴的主要作用有：

1）创建工作平面和工作点。

2）投影至草图中作为定位参考。

3）为旋转特征、环形阵列提供轴线。

4）为装配约束提供参考。

（2）创建方法　创建工作轴的常用方法如图 2-79～图 2-83 所示。在执行图 2-79～图 2-83 所示的操作前，需先单击定位特征工具的轴按钮。

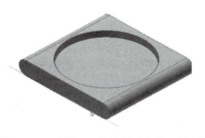

图 2-79　选择已有直线创建工作轴

通过选取圆柱表面确定轴线位置

图 2-80　选择圆柱面在其轴线位置创建工作轴

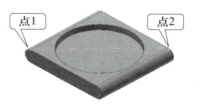

点1　点2

图 2-81　选择两点创建工作轴

3. 工作点

（1）主要作用　工作点是没有大小只有位置的几何点。工作点的主要作

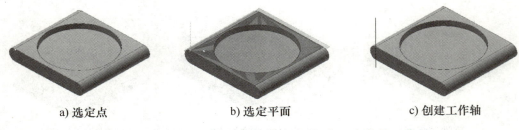

a) 选定点　　　　　　　b) 选定平面　　　　　　　c) 创建工作轴

图 2-82　创建通过选定点并与选定的平面垂直的工作轴

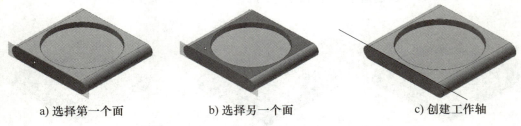

a) 选择第一个面　　　　b) 选择另一个面　　　　c) 创建工作轴

图 2-83　在两面相交的位置创建工作轴

用有：

1）创建工作平面和工作轴。

2）投影至草图作为定位参考。

3）为三维草图提供参考。

4）为装配约束提供参考。

（2）创建方法　创建工作点的常用方法如图 2-84 和图 2-85 所示。在执行图 2-84 和图 2-85 所示的操作前，需先单击图 2-72 中的点按钮。

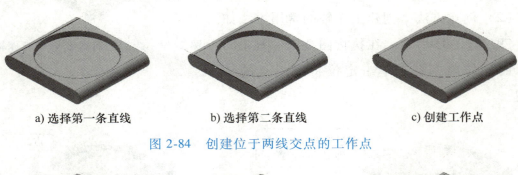

a) 选择第一条直线　　　b) 选择第二条直线　　　c) 创建工作点

图 2-84　创建位于两线交点的工作点

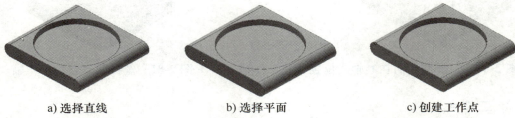

a) 选择直线　　　　　　b) 选择平面　　　　　　c) 创建工作点

图 2-85　创建位于线面交点的工作点

第 3 章 部 件 设 计

3.1 部件设计基础

任何一个模型都不能被单独地设计出来，任何零件都要在整体中才能够发挥自己的作用。在 Inventor 2023 中，将这个整体（或整体的一部分）称为部件，零件是特征的组合，而部件则是零件（包括子部件）的组合。部件装配工具如图 3-1 所示。

图 3-1　部件装配工具

下面逐一介绍该区域中的各种工具的使用方法。

1. 进入部件环境

启动 Inventor 2023，单击"新建"按钮，并选择新建文件对话框中的"Standard. iam"部件模板，创建部件文件并进入部件环境，如图 3-2 所示。

2. 装入零部件

单击工具面板"装配"选项卡中的"放置"按钮，打开"装入零部件"对话框。查找并选择需要装入的零部件并单击"打开"按钮，所选取的零部件将随光标进入部件环境，将其放置到大致位置后单击"确定"（对于第一个进入部件环境的零部件，Inventor 2023 会将其放置在默认的位置，无须通过此步确定其位置），然后右击选择右键菜单的"完毕"，完成零部件的装入操作，如图 3-3 所示。

Inventor 2023 默认将第一个进入部件环境的零部件的原始坐标系与部件环境中的原始坐标系重合。若需改变，可在图形区或浏览器选中修改零部件，右击将右键菜单中"固定"前的勾选符号 ✔ 去掉，以解除固定，如图 3-4 所示。同样，可以用这种方法根据需要对其他零部件进行勾选固定，使零部件的当前位置保持不变。

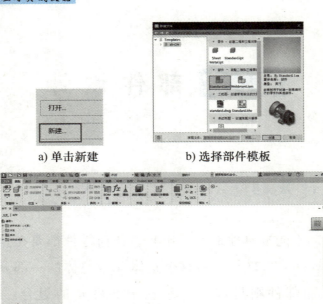

a) 单击新建　　　　　　　　b) 选择部件模板

c) 部件环境

图 3-2　进入部件环境

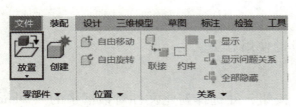

a) 单击放置按钮

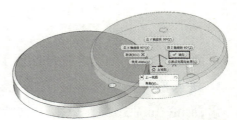

b) 单击"确定"后右击选择"完毕"

图 3-3　装入零部件

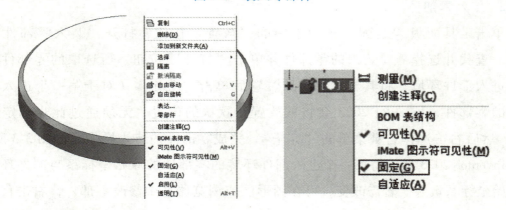

a) 通过图形区控制零部件固定或解除　　　　b) 通过浏览器控制零部件固定或解除

图 3-4　零部件的固定与解除

3. 移动和旋转零部件

不佳的零部件位置和视角不利于部件设计工作，此时需要对部件中某一个或几个零部件的位置和视角进行调整。

（1）移动零部件　在图形区或浏览器中选中待移动的零部件（可选择单一零部件，也可以按〈Ctrl〉或〈Shift〉键选择多个零部件），单击工具面板"装配"选项卡中的"自由移动"按钮，此时将鼠标指针移至图形区，按住鼠标左键拖动，便可改变选中零部件的位置，如图 3-5 所示。若只需改变单一零部件的位置，也可在图形区中将其选中，并按住鼠标左键拖动至恰当的位置。

a) 选择工具面板中的"自由移动"按钮　　　　b) 拖动以改变其位置

图 3-5　移动零部件

（2）旋转零部件　旋转零部件与移动零部件相类似。在图形区或浏览器中选中待旋转的零部件（只可选择单一零部件），单击工具面板"装配"选项卡中的"自由旋转"按钮，此时选中的零部件周围将出现旋转符号，按住鼠标左键拖动，便可改变选中零部件的视角，如图 3-6 所示。

a) 选择工具面板的"自由旋转"按钮　　　　b) 拖动零部件以改变其视角

图 3-6　旋转零部件

4. 控制零部件的可见性

除不佳的视角和位置外，部件中零部件间的相互遮挡也会为部件设计带来麻烦，此时需要对零部件的可见性进行控制。一般通过"可见性"和"隔离"选项控制零部件的可见性。

（1）"可见性"选项　通常用来关闭或打开一个或多个选中的零部件的可见性，从而避免选中的零部件对部件中其他零部件的遮挡。例如，如果需要关闭图 3-7a 所示的回热器的可见性而观察其内部的高温活塞，则可在图形区或浏览器中将它们选中并右击，将右键菜单中"可见性"前的 ✔ 勾选符号去掉，如图 3-7b、c 所示。如果需要恢复，可用同样的方法，将两者重新选中（通过浏览器）并打开"可见性"前的勾选符号，如图 3-7d 所示。

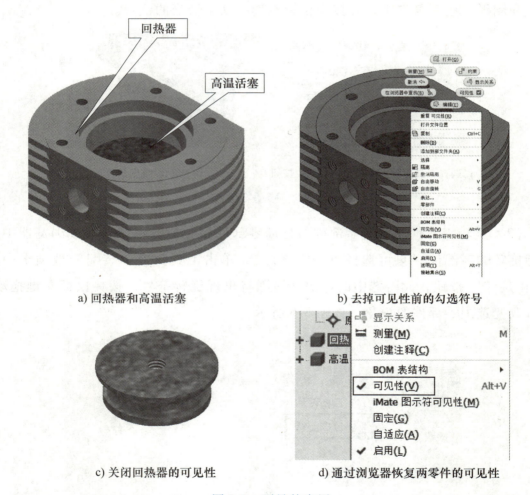

a) 回热器和高温活塞　　　　b) 去掉可见性前的勾选符号

c) 关闭回热器的可见性　　　d) 通过浏览器恢复两零件的可见性

图 3-7　可见的应用

（2）"隔离"选项　通常用来关闭部件中选中零部件之外的其他零部件的可见性，从而对选中的零部件进行单独的观察。以图 3-7a 为例，如果需单独观察高温活塞，可在图形区或浏览器中将其选中并右击，选择右键菜单中的"隔离"，即可关闭除阀体外其余零件的可见性，如图 3-8a 所示。若需恢复，可在图形区或浏览器中选中阀体并右击，选择右键菜单中的"撤销隔离"即可，如图 3-8b 所示。

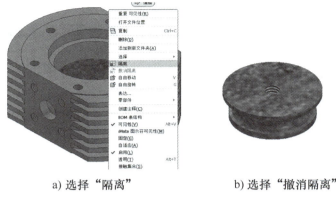

a) 选择"隔离"　　　　　　　　b) 选择"撤消隔离"

图 3-8　隔离的应用

3.2　约束零部件

所谓约束零部件，就是定义部件中零部件结合在一起的方式，即确定部件中各零部件的位置及其相互关系。

3.2.1　位置约束

确定一个物体位置所需要的独立坐标数称为这个物体的自由度数。如果不考虑物体自身形状的变化，任何物体在三维空间中都有六个自由度，即沿 X、Y、Z 三个坐标轴的移动自由度 $\vec{X}$、$\vec{Y}$、$\vec{Z}$ 以及绕三个坐标轴的转动自由度 $\hat{X}$、$\hat{Y}$、$\hat{Z}$，如图 3-9 所示。位置约束的添加，将限制（减少）零部件的自由度，使零部件在部件环境中置于正确的位置。

单击工具面板上"装配"选项卡中的"约束"按钮，即可打开"放置约束"对话框，如图 3-10 所示。该对话框共有"部件""运动""过渡""约束集合"四个选项卡。其中，"部件"选项卡用于添加位置约束，分为配合、角度、相切、插入、对称五种类型；"运动"和"过渡"选项卡用于添加运动关系约束；"约束集合"选项卡用于两坐标的重合。

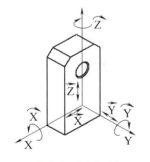

图 3-9　刚体的空间自由度

1. 配合约束

配合约束常用于将不同零部件的两个平面以"面对面"或"肩并肩"的方式

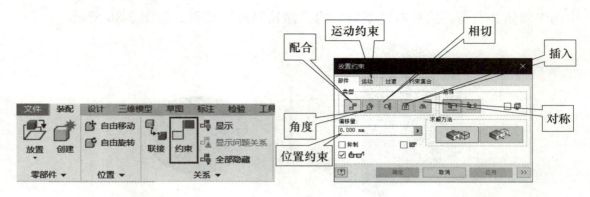

a) 单击约束按钮　　　　　　　　　　b) 打开"放置约束"对话框

图 3-10　"放置约束"对话框（1）

放置，以及具有回转体特征的两个零部件的轴线重合，也可用于添加点、线、面之间的重合约束。打开"放置约束"对话框，如图 3-11 所示，可用该对话框中"配合约束"按钮对零部件进行配合约束。

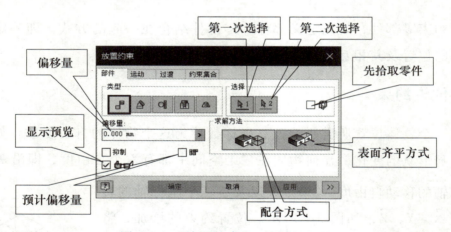

图 3-11　"放置约束"对话框（2）

（1）配合方式 ［图标］ 常用于使不同零部件的两个平面以"面对面"的形式放置（两平面的法线方向相反），或用于将具有回转体特征的两个零部件的轴线重合。

（2）表面齐平方式 ［图标］ 常用于使不同零部件的两个平面以"肩并肩"的形式放置（两平面的法线方向相同）。

（3）第一次选择按钮 ［图标］ 单击此按钮，便可选择需要应用约束的第一个零部件上的点、线、面。

（4）第二次选择按钮 ［图标］ 与第一次选择按钮相似，单击此按钮，便可选择需要应用约束的另一个零部件上的点、线、面。

（5）先拾取零件☐ 🖰　勾选此项，对用于添加装配约束的几何特征的选取将分两步进行：第一步，指定所要选择的几何特征所在的零部件；第二步，选择具体的几何特征。此功能常用于零部件位置接近或互挡等不易直接选取几何特征的情况。

（6）显示预览☑ 👓　勾选此项，便可在约束应用前观察约束应用的结果。

（7）偏移量　指定应用约束的两个几何特征间的距离。

（8）预计偏移量☐ 📑　勾选此项，"偏移量"输入栏中将显示应用约束前待添加的两几何特征间的距离。

【例 3-1】　应用配合约束，完成图 3-12 所示的位置关系定义。

实例分析：打开部件文件"配合约束"，该部件中"连杆 1"处于固定状态，不可移动或旋转；"销"的轴线与"连杆 1"一端孔的轴线已经建立配合（轴线重合）约束关系，"销"仅能沿自身轴线上下移动和绕自身轴线转动；"连杆 2"处于自由状态，可任意移动或转动。因此，需通过添加约束，使"销"和"连杆 2"均只能绕"销"的轴线转动。

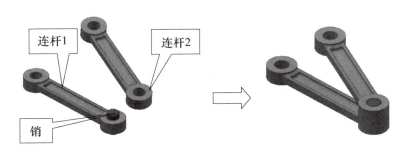

图 3-12　用配合约束定义位置关系

操作方法：

1）单击工具面板"装配"选项卡中的"约束"按钮，打开"放置约束"对话框，单击"部件"选项卡中的"配合"按钮，并选择"表面齐平方式"。然后分别选择"销"的下端面和"连杆 1"的下表面，使两者以"肩并肩"的方式放置在一起，单机"应用"按钮，确定添加约束，如图 3-13 所示。这样，"销"仅能绕自身的轴线转动。

2）选择"旋置约束"对话框中的"配合方式"，然后分别选择"销"的轴线和"连杆 2"右端的孔的轴线，使两回转面的轴线重合，单击"应用"按钮，确定添加约束，如图 3-14 所示。这样，"连杆 2"仅能沿"销"的轴线上下移动

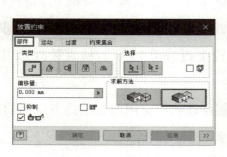

图 3-13　配合约束的应用（1）

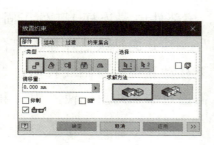
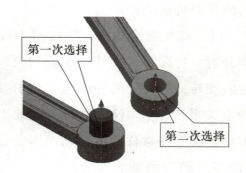

图 3-14　配合约束的应用（2）

和绕"销"的轴线转动。

3）选择"放置约束"对话框中的"配合方式"，然后分别选择"连杆 2"的下端面和"连杆 1"上端面（如不便直接选择，可通过移动零部件或改变观察视角的方法对两者进行选择）使两平面以"面对面"的方式放置，单击"确定"按钮，确认添加约束并关闭对话框，如图 3-15 所示。

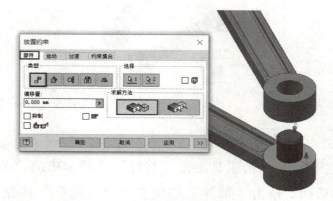

图 3-15　配合约束的应用（3）

这样，"连杆 2"仅能绕"销"的轴线转动。

至此，各零件的自由度均已做出合理的限定，可用鼠标拖动"连杆 2"观察其转动。

2. 角度约束

角度约束常用来定义直线或平面之间的角度关系，也可用于约束线、面之间角度的大小。打开"放置约束"对话框，如图 3-16 所示，可用该对话框中"角度约束"按钮对零部件进行角度约束。

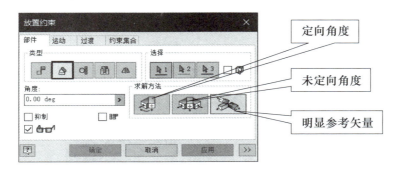

图 3-16 "放置约束"对话框

（1）定向角度方式 ![icon] 定义的角度将具有方向性（由右手法则确定）。

（2）非定向角度方式 ![icon] 定义的角度仅起到限定大小的作用。

（3）明显矢量参考方式 ![icon] 可通过添加第三次选择指定轴矢量（叉积）的方式，从 Z 轴顶端向下望去，角度的方向将以第一次选择的零件为基准将第二次选择的零件逆时针旋转。

【例 3-2】 应用配合约束，完成图 3-17 所示的位置关系定义（"连杆 1"与"连杆 2"之间的角度为 90°）。

实例分析：打开部件文件"角度约束"，该部件中"连杆 2"仅能绕"销"的轴线转动。可通过添加角度约束，使"连杆 1"和"连杆 2"按照图 3-17 所示的方向相互垂直。

操作方法：

1）单击工具面板"装配"选项卡中"约束"按钮，打开"放置约束"对话框，单击"部件"选项卡中的"角度"按钮。

2）选择默认的"明显参考矢量方式"，并在角度值中填入"90.00 deg"。

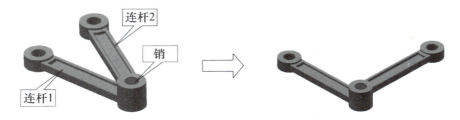

图 3-17 用角度约束定义位置关系

3）然后分别选择"连杆2"的前表面和"连杆1"的前表面，以及"销"的上表面，单击"确定"按钮，确认添加约束并关闭对话框，如图3-18所示。这样，"连杆1"与"连杆2"相互垂直，满足位置关系要求。

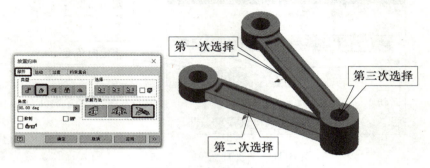

图3-18　角度约束的应用

请注意，上述步骤中的第三次选择，即"销"的上表面，用于确定Z轴矢量（叉积）的方向，该方向确定后，90°的角度值含义为从"销"的上表面沿其轴线向下看，以第一次选择的连杆1为基准将第二次选择的连杆逆时针转动90°。

3. 相切约束

相切约束使面、平面、柱面、球面和锥面在切点或切线处接触。打开"放置约束"对话框，如图3-19所示，可用该对话框"相切约束"按钮对零部件进行相切约束。

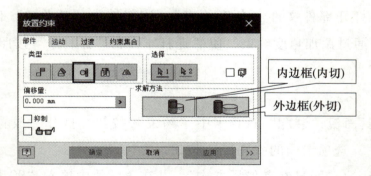

图3-19　"放置约束"对话框

（1）内边框方式　使被选择的对象按内切方式放置。

（2）外边框方式　使被选择的对象按外切方式放置。

【例3-3】　应用相切约束，完成图3-20所示的位置关系定义。

实例分析：打开部件文件"相切约束"，该部件中"连杆1"固定且上表面与"连杆2"的下表面相配合，"销"仅能绕自身的轴线转动，"连杆2"可在工作平

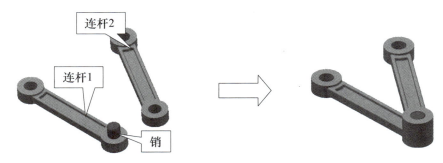

图 3-20　用相切约束定义位置关系

面上移动或转动。可通过添加相切约束，使"销"的外圆柱表面和"连杆 2"的孔的内圆柱表面相内切，从而限制"连杆 2"的自由度，使其仅能绕"销"的轴线转动。

操作方法：

1）单击工具面板"装配"选项卡中的"约束"按钮，打开"放置约束"对话框，单击"部件"选项卡中的"相切"按钮，并选择"内边框方式"。

2）分别选择"销"的外圆柱表面和"连杆 2"上孔的内圆柱表面，单击"确定"按钮，确认添加约束并关闭对话框，如图 3-21 所示。这样，"连杆 2"仅能绕"销"的轴线转动，满足位置关系要求。

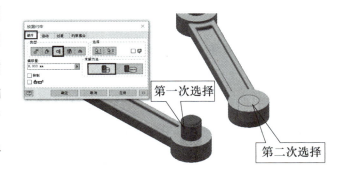

图 3-21　相切约束的应用

4. 插入约束

插入约束是两个零部件的轴之间的配合约束与平面之间的"面对面"配合约束的组合。例如，在孔中放置一个螺栓，使用插入约束后，螺栓的轴线将与孔的轴线重合，并且螺栓头的底部将与孔的上表面配合起来。这样，完全自由的螺栓通过一个插入约束，将仅能绕自身的轴线转动，而其他的自由度均被限定。打开"放置约束"对话框，如图 3-22 所示，可用该对话框中"插入约束"按钮对零部件进行插入约束。

（1）反向方式 ━━━ 两次选择

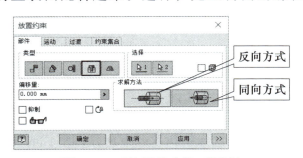

图 3-22　"放置约束"对话框

对象的轴线方向相反，即应用轴线重合约束与"面对面"配合约束的组合。

（2）同向方式 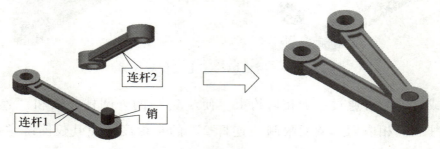 两次选择对象的轴线方向相同，即应用轴线重合约束与"肩并肩"配合约束的组合。

【例 3-4】 应用插入约束，完成图 3-23 所示的位置关系定义。

连杆2

连杆1　　销

图 3-23　用插入约束定义位置关系

实例分析：打开部件文件"插入约束"，该部件中"连杆 1"固定，"销"仅能绕自身的轴线转动，"连杆 2"处于没有添加任何约束的自由状态。可通过添加插入约束，使"连杆 2"仅能绕"销"的轴线转动。

操作方法：

1）单击工具面板"装配"选项卡中的"约束"按钮，打开"放置约束"对话框，单击"部件"选项卡中的"插入"按钮，并选择"反向方式"。

2）分别选择"连杆 2"的轴线和"销"的外圆柱面，单击"确定"按钮，确认添加约束并关闭对话框，如图 3-24 所示。这样，"连杆 2"仅能绕"销"的轴线转动，满足位置关系要求。

第一次选择

第二次选择

图 3-24　插入约束的应用

请注意，选择过程中随鼠标指针放置在对象上的预览符号由箭头和圆形两部分组成，箭头代表轴线及其方向，圆形代表需要应用"面对面"或"肩并肩"配合约束的平面。因此，选择过程中应留意圆形所在的位置，以便建立正确的配合约束。

3.2.2 运动关系约束

运动关系约束用于指定零部件在运动过程中所遵循的规律。可用"放置约束"对话框中的"运动"和"过渡"两个选项卡添加运动关系约束。

1. "运动"选项卡

"运动"选项卡用于指定转动-转动或转动-平动两种类型的运动关系。运动约束通常用于定义齿轮与齿轮、齿轮与齿条、蜗轮与蜗杆等的运动关系。"运动"选项卡如图 3-25 所示。

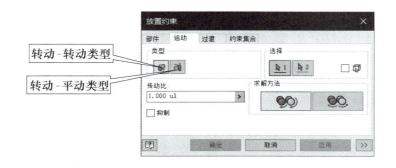

图 3-25 "运动"选项卡

（1）转动-转动类型 使被选择的第一个零件按指定传动比相对于另一个零件的转动面转动。通常用于描述齿轮与齿轮之间、带与带轮之间或蜗轮与蜗杆之间的运动。

（2）转动-平动类型 使被选择的第一个零件按指定距离相对于另一个零件的转动面平动，通常用于描述齿轮与齿条之间的运动。

（3）转动-转动类型下的传动比 用来指定当第一次选择的零部件旋转时，第二次选择的零部件的旋转量。例如，传动比为 2，则表示当第一次选择的零部件旋转一个单位（一周）时，第二次选择的零部件旋转两个单位（两周）。

（4）转动-平动类型下的距离 用来指定相对于第一次选择的零部件做一次转动（旋转一周）时，第二次选择的零部件平移的距离。例如，2mm 的距离表示当第一次选择的零部件旋转一周时，第二次选择的零部件前进 2mm。

（5）转动-转动类型下的运动方式 它包括正向方式 和反向方式 。

（6）转动-平动类型下的运动方式 它包括正向方式 和反向方式 。

【例3-5】　应用运动约束，完成图3-26所示的齿轮间的运动关系定义。

实例分析：打开部件文件"运动约束"，该部件中"直齿轮1"与"直齿轮2"均仅能绕自身轴线转动，但两者之间的运动关系尚未指定，可通过添加运动约束，使"直齿轮1"与"直齿轮2"按照一定的传动比转动。

操作方法：

图3-26　用运动约束定义运动关系

1）单击工具面板"装配"选项卡中的"约束"按钮，打开"放置约束"对话框，选择"运动"选项卡中的"转动-转动类型"按钮，并选择"反向方式"（两齿轮为外啮合）。

2）依次选择"齿轮1"与"齿轮2"，由于大齿轮的齿数为63，小齿轮的齿数为21，当大齿轮转动一周时，小齿轮转动63/21＝3（周），"传动比"应输入"3"，如图3-27所示。

图3-27　运动约束的应用

3）单击"确定"按钮，确认添加约束并关闭对话框，这样"直齿轮1"与"直齿轮2"便按指定的传动比转动，满足运动关系的要求。

2. "过渡"选项卡

过渡约束用于使来自不同零部件的两个表面在运动过程中始终保持接触，通常用来定义凸轮机构的运动关系。"过渡"选项卡如图3-28所示。

图3-28　"过渡"选项卡

【例 3-6】　应用过渡约束，完成图 3-29 所示的凸轮间的运动关系定义。

实例分析：打开部件文件"过渡约束"，该部件中"凸轮轴"仅能绕自身轴线转动，"杆 1"和"杆 2"均为沿自身轴线平动和绕自身轴线转动。但凸轮与杆之间的运动关系未指定，可通过添加过渡约束，使"凸轮轴"上的凸轮在转动过程中与"杆 1"和"杆 2"保持接触。

操作方法：

1）单击工具面板"装配"选项卡中的"约束"按钮，打开"放置约束"对话框，选择"过渡"选项卡。

2）依次选择"杆 1"下端的球面和"凸轮轴"左边凸轮的表面，如图 3-30 所示，单击"应用"按钮确认添加这一约束。

3）用同样的方法为"杆 2"和"凸轮轴"之间添加过渡约束。这样，"凸轮轴"上的凸轮在转动过程中将与两杆保持接触。

图 3-29　用过渡约束定义运动关系

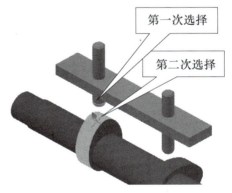

图 3-30　过渡约束的应用

3.2.3　约束的查看与编辑

部件浏览器会将添加的约束进行记录，将浏览器调整至"装配视图"（默认状态下无须调整）并展开浏览器，便可查看已经添加的约束，如图 3-31 所示。由于约束一般建立在部件中的两个不同零部件之间，故同一个装配约束会在与之相关的两个零部件中同时出现，例如，由于图 3-31 中的"过渡 1"建立在

"凸轮轴"与"杆1"之间,故浏览器中"凸轮轴"和"杆1"下都可以找到"过渡1"。

若需对已经添加的约束进行编辑、删除或抑制(保留约束但不让其发挥作用)等操作,可在浏览器中将其选中并右击,选择右键菜单中相应的项目进行操作,如图3-32所示。

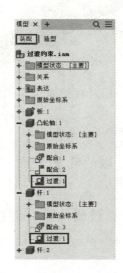

图3-31　约束的查看

图3-32　约束的编辑

3.2.4　间歇运动机构运动关系的定义

所谓间歇运动机构,是将主动件的均匀转动转换为时动时停的周期性运动的机构。例如,牛头锯床工作台的横向进给运动,电影放映机的送片运动等都用到间歇运动机构。图3-33所示的槽轮机构为常见的间歇运动机构,当主动件(拨杆)转动时,槽轮轮盘仅在主动件进入槽轮至离开的过程中(1/6圆周)转动。这样的间歇运动机构的运动关系,需通过"接触集合"来定义。

图3-33　槽轮机构

【例3-7】 应用接触集合,完成图3-33中槽轮机构的运动关系定义。

实例分析:打开部件文件"间歇运动"。该机构中"拨杆"和"槽轮"均仅能绕自身轴线转动，但两者间的运动关系尚未指定，"拨杆"可穿过"槽轮"运动，与实际情况不符。可通过设置接触集合，使"拨杆"通过接触带动"槽轮"运动，从而实现间歇运动关系的定义。

操作方法：

1）选择工具面板上的"工具"选项卡，单击"文档设置"图标按钮，打开文档设置对话框，如图 3-34 所示。

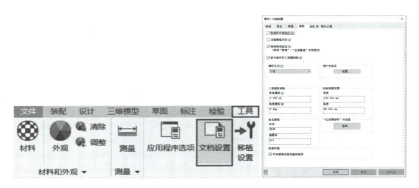

图 3-34　文档设置对话框中完成相应的设置

2）在图形区或浏览器中选中"拨杆"并右击，勾选右键菜单中的"接触集合"，并对"槽轮"进行同样的操作，如图 3-35 所示。这样，Inventor 便会在这两个零件之间通过识别接触，实现间歇运动。拨动"拨杆"使其转动，可对槽轮机构的运动进行观察。

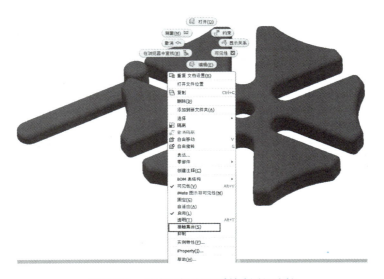

图 3-35　选择需要识别接触的零件

3.3 编辑零部件

1. 修改零部件

在 Inventor 2023 部件环境中，用户可对已经装入的零部件进行修改。首先在图形区或浏览器中将待修改的零部件选中并右击，然后选择右键菜单中的"编辑"（或直接在零部件上双击），即可进入相应的环境修改零部件，如图 3-36 所示。如果需要修改的对象是零件，Inventor 2023 将自动进入零件环境供用户使用而无须手动切换。

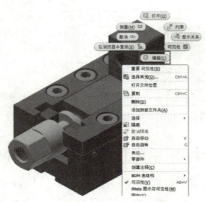

a) 从图形区进入编辑环境   b) 从浏览器进入编辑环境

图 3-36 选择待修改的零部件并进入编辑环境

零部件修改完成后，可在图形区中右击，选择"编辑"返回至原部件环境，如图 3-37a 所示。也可以在工具面板中单击"返回"按钮（若编辑对象为部件，则该按钮位于装配选项卡；若编辑对象为零件，则该按钮位于"模型"选项卡），结束修改，如图 3-37b 所示，返回至原部件环境。

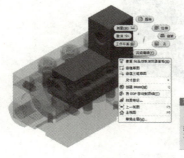

a) 在图形区中选择返回   b) 在工具面板中选择返回

图 3-37 返回原部件环境

2. 镜像零部件

镜像零部件功能可帮助用户减少对称零部件的设计工作量。镜像零部件的按钮位于工具面板的"装配"选项卡中，如图 3-38 所示。"镜像零部件"对话框如图 3-39 所示。

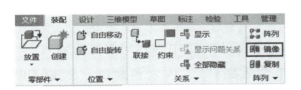

图 3-38　镜像零部件按钮　　　　图 3-39　"镜像零部件"对话框

（1）零部件选择器　用于指定需要镜像的零部件，可选择一个或多个零部件。

（2）镜像平面　用于指定镜像平面，可选择工作平面或零部件的表面。

（3）状态

1）镜像选定对象，在新部件文件中创建镜像的引用。

2）重用选定对象，在当前或新部件文件中创建重用的引用。

3）排除选定对象，从镜像操作中排除零部件。

需要说明，镜像选定对象与重用选定对象的不同在于：选择镜像选定对象后，镜像得到的零部件具有独立的名称，其形状尺寸由被镜像的零部件投影得到，可对其进行添加特征等操作，其结果不会影响到被镜像的零部件；选择重用选定对象后，镜像得到的零部件没有独立的名称，而是相当于把原有的零部件重新放置在了镜像后的位置，可对其进行编辑，其结果将对镜像前后的零部件同时生效。

3. 阵列零部件

阵列零部件可以帮助用户快速完成数量较多且空间分布呈一定规律的零部件的设计。阵列零部件的按钮位于工具面板的"装配"选项卡中，如图 3-40 所示。"阵列零部件"对话框如图 3-41 所示。

阵列零部件有三种形式：

（1）关联阵列　以零部件上已有的阵列特征为依据进行零部件的复制（阵列）。

（2）矩形阵列　按照矩形规律进行零部件的复制（阵列）。

（3）环形阵列　按照环形规律进行零部件的复制（阵列）。

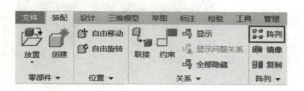

图 3-40　阵列零部件按钮　　　　图 3-41　"阵列零部件"对话框

【例 3-8】　应用零部件的阵列与镜像，完成图 3-42 中内六角螺钉的装入。

实例分析：打开部件文件"夹紧卡爪装入螺钉"，内六角螺钉（螺钉 GB/T 70.1—2000 M8×16）已经装入 1 颗，由于前后盖板上的三个沉头孔均由阵列特征完成，且前后盖板关于中分面（部件环境的原始坐标 XY 平面）对称，故可先通过"特征阵列"的方法完成"前盖板"上的剩余两枚螺钉的装入，再通过镜像，完成"后盖板"上三颗螺钉的装入。

操作方法：

1）选择工具面板上的"装配"选项卡中的"阵列"按钮，打开"阵列零部件"对话框。

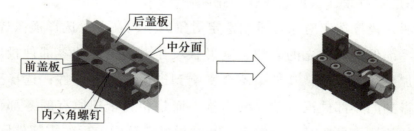

图 3-42　零部件的阵列与镜像

2）选择"阵列零部件"对话框中的关联阵列选项卡，单击"零部件"按钮，选择待阵列的零部件"螺钉 GB/T 70.1—2000 M8×16"（在图形区或浏览器中均可选），然后单击特征阵列选择按钮，选择作为阵列依据的零部件上已有的阵列特征，即"前盖板"上的孔，如图 3-43 所示，单击"确定"按钮，应用阵列设置并关闭对话框。

3）单击工具面板上的"装配"选项卡中的"镜像"按钮，打开"镜像零部

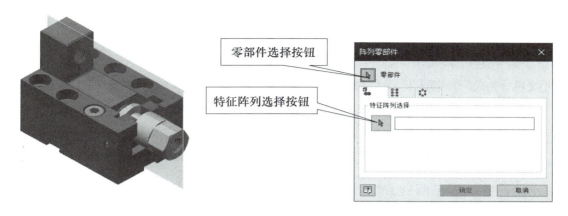

图 3-43 选择待阵列的对象与阵列参照

件"对话框。

4）单击"零部件"按钮，选择待镜像的零部件，即阵列得到的与被阵列的三颗螺钉（在图形区或浏览器中均可选择），然后单击镜像平面选择按钮，选择部件环境的原始坐标 XY 平面作为镜像平面，状态保持默认的"重用选定对象"，如图 3-44 所示。单击"下一步"按钮→"确定"按钮，完成零部件镜像。

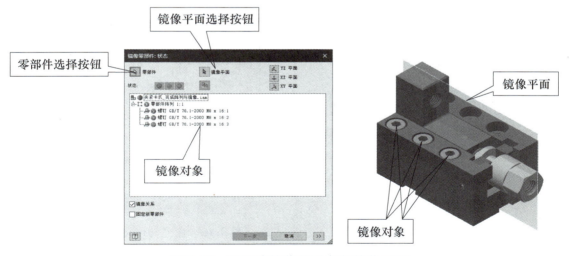

图 3-44 选择待镜像的对象与镜像平面

3.4 零部件的表达与检验

1. 改变零部件的颜色样式

为部件中的各零件定义不同的颜色，可以更好地区分和查看零部件，并增强零部件的美观性。

通常使用以下两种方式改变零部件的颜色样式。

1）在图形区或浏览器中选中需要改变颜色样式的零部件，然后在工具栏中的颜色下拉菜单中选择颜色或样式进行更改，如图 3-45 所示。

2）在图形区或浏览器中选中需要改变颜色样式的零部件，然后右击并选择右键菜单中的"iProperty"，打开"iProperty"对话框，在"引用"选项卡中对零部件的颜色样式进行更改，如图 3-46 所示。

请注意，以上两种方法对零部件颜色样式所做出的修改，仅在当前部件有效。若需"彻底"改变零部件的颜色样式，可用编辑零部件的方法，进入到零部件各自的环境中再对零部件的颜色样式做出调整。

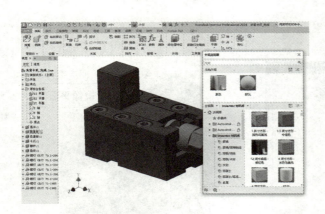

图 3-45 在工具栏中更换颜色样式

图 3-46 在"iProperty"对话框中更改颜色样式

2. 部件剖视图

部件剖视图用于观察零部件，如回热器内部的结构或被其他零部件遮挡的部分。图 3-47a 为剖视前的回热器模型。若直接观察，仅能了解其外形，无法获取其内部结构的信息。若使用部件剖视图，则可以将回热器的一部分"去掉"，从而了解其内部情况，如图 3-47b 所示。部件剖视图只是为便于观察而将部件的部分结构暂时隐藏，而并非真正将这部分结构从部件中去除。

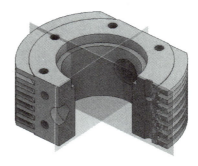

a) 剖视前   b) 剖视后

图 3-47   部件剖视图

"部件剖视图"按钮位于工具面板"视图"选项卡下，如图 3-48 所示。剖视图分为"1/4 剖视图""半剖视图""3/4 剖视图"和"全剖视图"四种类型。

图 3-48   剖视图图标按钮

（1）1/4 剖视图   使用相互垂直的两个平面将已有部件分成四个部分，仅保留其中一个部分的可见性。

（2）半剖视图   使用一个平面将已有部件分成两个部分，保留其中一个部分的可见性。

（3）3/4 剖视图   使用相互垂直的两个平面将已有部件分成四个部分，保留其中三个部分的可见性。

（4）退出剖视图   打开整个部件的可见性，将视图恢复至尚未剖切的状态。

【例 3-9】   应用回热器部件视图，完成图 3-47b 所示的回热器剖视图。

操作方法：

1）打开待切的部件文件"回热器"，如图 3-47a 所示。

2）单击工具面板上"视图"选项卡，选择"3/4 剖视图"选项，如图 3-49 所示。

3）选择将主轴分为四部分的两正交平面，即零件"回热器"原始坐标的"XY 平面"与"YZ 平面"，如图 3-50 所示，并在图形区的空白处右击，选择右键菜单中的"反向剖切"调整被隐藏部分所在的位置至图 3-51a 中的位置，然后再次右击，选择右菜单中的"确定"按钮，完成剖视图的创建，如图 3-51b 所示。

此外，若需恢复整个部件的可见性，可再次单击工具面板上"视图"选项卡，选择"退出剖视图"选项，如图 3-52 所示。

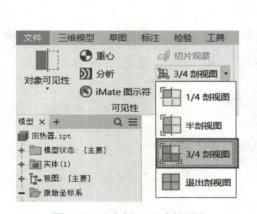

图 3-49　选择 3/4 剖视图

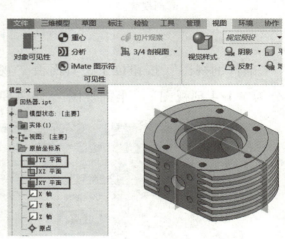

图 3-50　选择剖视图平面

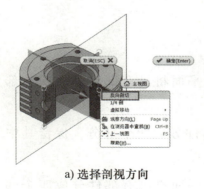

a）选择剖视方向　　　　　　　　b）创建剖视图

图 3-51　选择剖视方向并创建剖视图

3. 设计视图表达与位置表达

设计过程中往往需要从不同的视角，通过不同的缩放倍数，或适当地调整零部件的可见性及颜色样式对部件进行查看，如图 3-53 所示。

设计视图可创建和保存部件的多组表达信息，并根据需要进行快速切换。设计视图包含以下内容：

1）零部件、草图特征及定位特征的可见性。

2）零部件选择状态（启用或禁用）。

3）部件中应用的颜色和样式特征。

4）观察角度与缩放倍数。

位置视图相当于零部件运动过程的快照，用于表达零部件的不同位置，如图 3-54 所示。

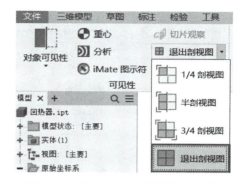

图 3-52　恢复整个部件的可见性

图 3-53　不同设计视图的回热器

图 3-54　斯特林发动机的位置视图

设计视图与位置视图的定义和查看可通过浏览器进行，如图 3-55 所示。

【例 3-10】　设计视图与位置视图的应用。

操作方法：

1）打开部件文件"斯特林发动机"，将其调整至图 3-56a 所示的视角和大小（布满窗口），单击浏览器中"表达"前的"+"将其展开，并在"视图：默认"下的"默认"上右击，选择右键菜单中的"锁定"，如图 3-56b 所示。

图 3-55　设计视图与位置视图的定义与查看

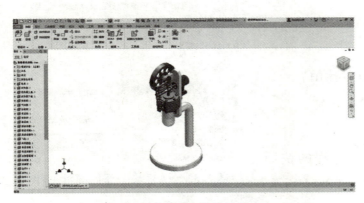

a) 调整视角和缩放比例

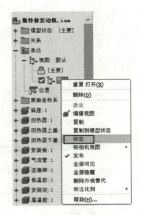

b) 锁定视角

图 3-56　设计视图的创建（1）

2）在"视图：视图默认"上右击，选择右键菜单中的"新建"，创建一个设计视图"视图 1"，如图 3-57a 所示。新建的"视图 1"将自动被激活（视图 2 前方出现激活符号 ✅），此时可以对该视图进行编辑。将斯特林发动机调整至另一个视角，如图 3-57b 所示。再次在浏览器中选中"视图 1"并右击，选择右键菜中的"锁定"，如图 3-57c 所示。此时，再次在浏览器中双击"视图 1"和"视图 2"将其激活，便可对斯特林发动机的两种设计视图进行查看。

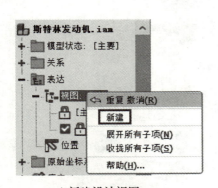

a) 新建设计视图

b) 调整视角、比例及零件样式

c) 锁定设计视图

图 3-57　设计视图的创建（2）

3）进行位置视图创建前，先创建两个角度约束，用以控制斯特林发动机飞轮的旋转。第一个角度约束（角度：0°）用来使斯特林发动机飞轮与安装块平行，如图 3-58a 所示。创建完成后将其抑制，如图 3-58b 所示。第二个角度约束（角度：90°）用来使斯特林发动机飞轮与安装块垂直，如图 3-58c 所示。同样地，创建完成后将其抑制，如图 3-58d 所示。

a) 添加第一个角度约束

b) 抑制第一个约束

c) 添加第二个角度约束

d) 抑制第二个约束

图 3-58　定位位置视图的准备工作

4）在浏览器中的"位置"上右击，选择右键菜单中的"新建"，创建新的位置视图"位置 1"，如图 3-59a 所示。"位置 1"用来表达斯特林发动机飞轮与安装块平行状态，在浏览器中选中第一个角度约束（角度：0°）并右击，选择右键菜单中的"抑制（替代）"（取消抑制），如图 3-59b 所示。同样地，再次创建新的位置视图"位置 2"，并在"位置 2"被激活时选中第二个角度约束（角度：90°）并右击，选择右键菜单中的"抑制（替代）"（取消抑制），如图 3-59c 所示。

a) 新建位置视图　　b) 取消对"角度：0°"的抑制　c) 取消对"角度：90°"的抑制

图 3-59　建立角度约束与位置视图之间的关系

这样，斯特林发动机的位置视图建立完成，双击"位置1"和"位置2"便可查看斯特林发动机的运动状态，如图3-60所示。

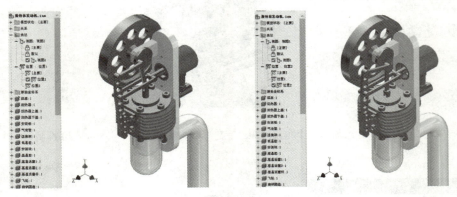

图 3-60　两种位置视图的查看

3.5　驱动约束

对于完成位置约束与运动约束的部件，可通过鼠标拖动的方法查看部件中某些机构的运动过程（部件中包含可以运动的机构）。若要让部件中的这些机构自动运动并为它们录制动画，可通过驱动约束来实现。

驱动约束对话框中各栏目及按钮的作用如下：

1）开始，驱动过程中偏移量或角度的起始位置。

2）结束，驱动过程中偏移量或角度的终止位置。

3）暂停延迟，各步画之间延迟时间。

4）正向播放与反向播放 ▶ ◀ 。

5）正向步进与反向步进 ▶▶ ◀◀ 。

6）到起点与终点 ▶▶| |◀◀ 。

7）动画录制 ◉ 。

【例3-11】　通过驱动约束查看图3-61所示斯特林发动机飞轮的运动过程（"飞轮"的转动通过曲柄圆盘带动），并录制动画。

操作方法：

1）为实现通过驱动约束查看"曲柄圆盘"和"飞轮"的运动，应首先添加关于

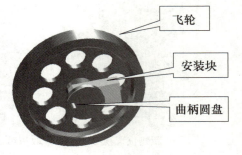

图 3-61　飞轮、曲柄圆盘和安装块

"曲柄圆盘"的角度约束。如图 3-62 所示，在"曲柄圆盘"和"安装块"间添加角度约束。

2）约束添加完成后，在浏览器中将其选中并右击，选择右键菜单中的"驱动"约束，如图 3-63a 所示，打开"驱动"对话框，如图 3-63b 所示。

图 3-62　添加角度约束

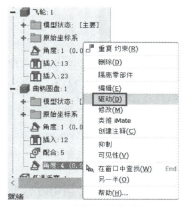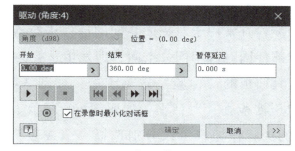

a) 选择驱动约束　　　　　　　　　b) 打开"驱动"对话框

图 3-63　驱动约束

3）将"开始"和"结束"分别设为"0.00deg"和"360.00deg"，并单击播放按钮，便可对运动过程进行查看。

4）录制运动过程动画，可在单击播放按钮前，先进行参数设置，完成相应的参数设置后，再单击播放按钮，便可将运动过程以动画的形式记录下来。

3.6　剩余自由度查看

剩余自由度显示用于检验装配过程中对零部件所添加的约束是否合理，或常用于分析零部件可能的运动情况。例如，需要分析图 3-64 所示斯特林发动机的自由度，首先在图形区或浏览器中将其选中，然后单击工具面板"视图"选项卡中的"自由度"按钮，即可查看剩余自由度，如图 3-65 所示。

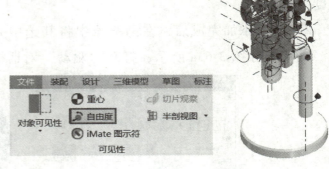

图 3-64　斯特林发动机　　　　　　　　图 3-65　剩余自由度查看

3.7　干涉检查与碰撞检测

1. 干涉检查

干涉检查常用于对完成装配的部件进行检验，以确认部件中是否存在两个或多个零部件同时占用同一空间，即发生重叠的情况。"干涉检查"（过盈分析）按钮在工具面板的"检验"选项卡中，如图 3-66a 所示。单击"干涉检查"按钮，打开"干涉检查"对话框，如图 3-66b 所示。按下"定义选集 1"和"定义选集 2"前的选择按钮，可以分别选择一个或多个零部件，选择完成后单击"确定"按钮，Inventor 2023 将在两次选择的两组零件中进行干涉检查。

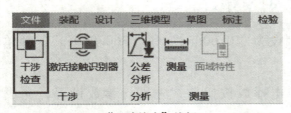

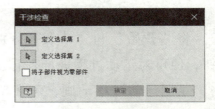

a）"干涉检查"按钮　　　　　　　　　b）"干涉检查"对话框

图 3-66　干涉检查

2. 碰撞检测

驱动约束的过程中可对部件中各零部件是否发生碰撞进行检测。如图 3-67 所示，单击更多选项按钮 >> 将驱动约束对话框展开，勾选"碰撞检测"选项，再单击播放按钮使零部件运动，Inventor 2023 将自动对当前部件中所有的零部件在这一运动过程中是否发生碰撞进行检测。

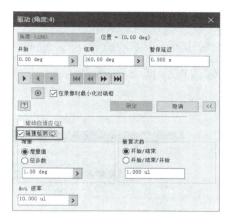

图 3-67 碰撞检测

3.8 标准件、常用件的装入与结构件的生成

1. 资源中心与标准件

几乎所有产品中都包含有标准件，如图 3-68 所示。这些标准件的所有尺寸、形状均由相关的标准已经确定，使用 Inventor 2023 的"资源中心"可将标准件模型调入部件环境中，并自动识别所需的规格。故没有必要自行建立标准件的模型。

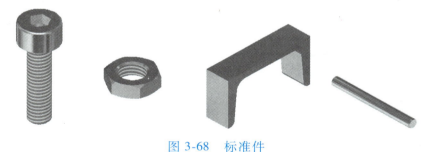

图 3-68 标准件

【例 3-12】 利用"资源中心"完成标准件的装入（螺钉 GB/T 70.1—2000），如图 3-69 所示。

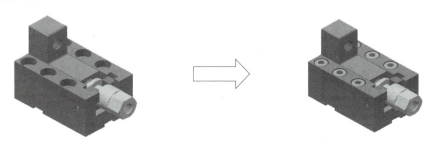

图 3-69 利用"资源中心"装入标准件

操作方法：

1）打开部件文件"夹紧卡爪"装入标准件，选择"从资源中心放置"选项，打开"从资源中心放置"对话框，图 3-70 所示。

图 3-70　"从资源中心放置"对话框

2）在"从资源中心放置"对话框中依次选择"紧固件"→"螺栓"→"开槽和内六角圆柱"→"螺钉 GB/T 70.1—2000"，如图 3-71 所示。

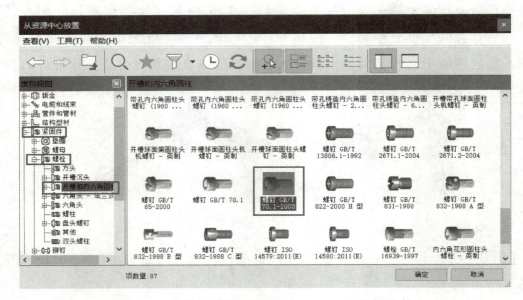

图 3-71　调用"螺钉 GB/T 70.1—2000"标准件

3）单击"从资源中心放置"对话框中的"确定"按钮，所选的"螺钉 GB/T 70.1—2000"标准件被调入部件环境中。由于其位置和尺寸均未确定，如图 3-72a 所示，将鼠标移至入螺纹孔处，Inventor 2023 将自动根据孔尺寸初步确定螺纹的尺寸，如图 3-72b 所示。在孔口单击确定螺钉的放置位置，此时可用鼠标拖动螺钉的底部进一步确定其长度，如图 3-72c 所示，选择合适的长度后右击在

"AutoDrop"中的确认放置。如果在图 3-72a 所示的位置单击,也可将资源中心的零件调入部件环境中,但由于未能检测到所需零件的尺寸,Inventor 2023 将自动打开如图 3-73 所示的对话框,选择合适的尺寸后,资源中心零件将进入部件环境,可继续通过添加装配约束(如本例中可使用插入约束)的方法将该零件放置到所需的位置。另外,选中资源中心零件并右击,可对进入部件环境的资源中心零件进行更改尺寸或替换等操作,如图 3-74 所示。

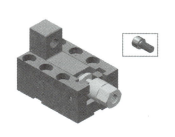
a) 标准件调入部件环境

b) 选择放置位置

c) 拖动改变长度并确认

图 3-72　标准件的放置步骤

图 3-73　尺寸选择

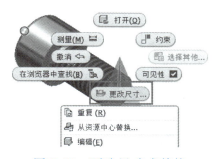

图 3-74　更改尺寸或替换

2. 设计加速器

图 3-75 所示为齿轮,通过设计加速器调出。例如,可通过给定一对相互啮合的直齿轮的模数、齿数、齿宽压力角与螺旋角来确定齿轮的形状与尺寸。设计加速器可用来快速生成轴、齿轮、带传动、凸轮等的模型。

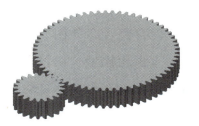

图 3-75　齿轮

【例 3-13】　利用设计加速器,生成图 3-76 所示的直齿轮模型(模数为 2,两齿轮的齿数分别为 21 齿和 63 齿,齿宽为 20mm)。

操作方法:

1）新建部件文件，单击工具面板"设计"项卡中的"正齿轮"按钮，如图 3-77 所示。此时 Inventor 2023 将提示保存部件，指定文件名与保存路径，将部件文件保存。

图 3-76　用设计加速器
生成直齿轮模型

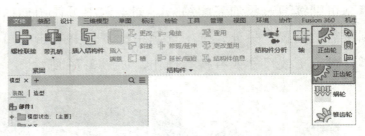

图 3-77　直齿轮图标按钮

2）在打开的"正齿轮零部件生成器"对话框中，选定"设计向导"为"中心距"，并分别输入"齿轮 1"与"齿轮 2"的"齿数"与"齿宽"，"齿轮 1"的"齿数"为 21，"齿宽"为 20mm；"齿轮 2"的"齿数"为 63，"齿宽"为 20mm，齿轮的"压力角"与"螺旋角"保持默认即可，如图 3-78 所示。

图 3-78　输入生成齿轮的参数

3）单击"正齿轮零部件生成器"对话框中的"计算"按钮，Inventor 2023 将根据步骤 2）中设定的参数进行计算，如果步骤 2）中输入的数值不合理，则 Inventor 2023 会在此处指出错误。

4）单击"确定"按钮，并在弹出的"文件命名"对话框中输入文件名称并指定保存路径，如图 3-79 所示，再次单击"确定"按钮后，即可生成一对相互啮合的直齿轮模型。由设计加速器生成直齿轮，除生成一对直齿轮模型外，两者之间的运动关系也会随之生成，如图 3-80a 所示。另外，可通过编辑零部件的方法，修改直齿轮的模型，如在齿轮模型上进行打孔等操作，如图 3-80b 所示。

3. 结构件生成器

结构件生成器用于快速完成金属结构件的设计，可通过轮廓草图直接生成金属结构件，如图 3-81 所示。

【例 3-14】　利用结构件生成器完成图 3-81 中结构件模型的建立。

图 3-79　输入文件名并指定保存路径

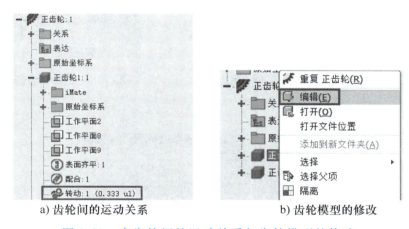

a) 齿轮间的运动关系　　　　　　b) 齿轮模型的修改

图 3-80　直齿轮间的运动关系与齿轮模型的修改

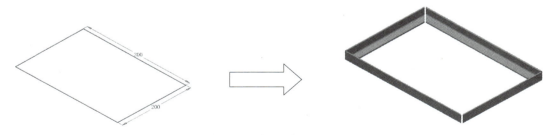

图 3-81　利用结构件生成器进行结构件设计

操作方法：

1）新建零件文件，创建如图 3-82 所示的草图，将该零件保存为"骨架草图.ipt"。

2）新建部件文件，将步骤 1）完成的零件"骨架草图.ipt"导入其中，保存该部件为"金属结构件.iam"。单击工具面板"设计"选项卡中的"插入结构件"按钮，如图 3-83 所示。

3）在插入结构件的"特性"选项卡中，选择结构件"标准"为"GB"、

"族"为"钢 GB/T 9787—1988—热轧等边角钢"、"大小"为"20×20×3"的结构件。接下来选择结构件插入的方向,"特性"选项卡中的符号表示骨架草图所在的位置(垂直于纸面),这里保持默认的中心位置即可,此处还可定义结构件与骨架草图间的偏移距离,以及绕骨架草图的旋转角度,完成后单击"确定"按钮,如图 3-84 所示。

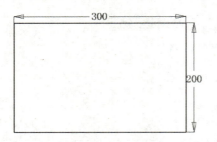

图 3-82　骨架草图

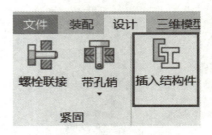

图 3-83　插入结构件按钮

图 3-84　插入结构件的"特性"选项卡

4)在图 3-85a 所示的"创建新结构件"对话框中输入金属结构件(部件)及其骨架的文件名称并指定保存路径,单击"确定"按钮,可在弹出的"结构件命名"对话框中指定金属结构件(部件中的各零件)的名称,再次单击"确定"按钮即可生成所需的金属结构件,如图 3-85b 所示。此时可关闭零件"骨架草图.ipt"的可见性。

5)最后对生成的结构件进行边框端部的处理。单击工具面板"设计"选项卡中的"斜接"按钮,如图 3-86a 所示,打开斜接的"特性"选项卡,如

图 3-86b 所示，选择待斜接的两段结构件，指定斜接的"类型"为在两端斜接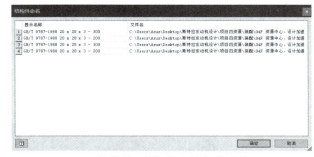
并指定斜接间距为"3mm"，单击"确定"按钮，完成端部处理，端部处理前后
的结构件如图 3-86c、d 所示。

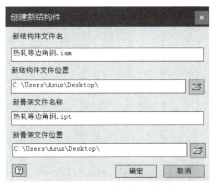

a) 结构件(部件)命名并指定路径   b) 结构件(零件)命名并指定路径

图 3-85 指定结构件的名称与保存路径

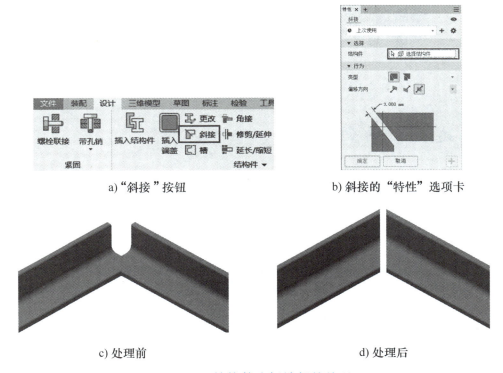

a)"斜接"按钮   b) 斜接的"特性"选项卡

c) 处理前   d) 处理后

图 3-86 结构件边框端部的处理

第4章 表达视图

表达视图也称为分解视图,是对已有的结构模型用爆炸视图或动画的方式来演示其装配过程。本章内容将以暖风机模型为例(图4-1)介绍表达视图的创建与应用。

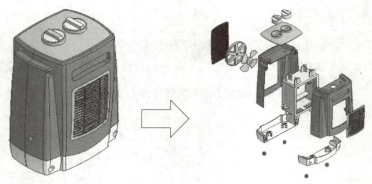

图 4-1　表达视图

4.1　表达视图的创建

默认状态下,选择表达视图模板"Standard.ipn"新建文件后,将自动进入表达视图环境,用于编辑表达视图的工具按钮位于工具面板的"表达视图"选项卡中,如图4-2所示。

图 4-2　"表达视图"选项卡

1. 插入模型

插入模型工具的使用方法为:单击"表达视图"选项卡"模型"区域中的"插入模型"按钮,在弹出的"插入"对话框中,选择"暖风机.iam",单击"打开"按钮,将暖风机模型插入到第一个场景中,如图4-3所示。

在创建场景时，可选择要使用的设计视图表达并设置"关联"选项。若要更改现有场景的设计视图表达或"关联"设置，请在浏览器中的"场景"选项上右击，然后在弹出的菜单中单击"表达"选项，如图 4-4a 所示。接下来，在弹出的"表达"对话框中编辑设置，然后单击"确定"按钮，即可完成更改场景的设计视图表达或"关联"设置，如图 4-4b 所示。

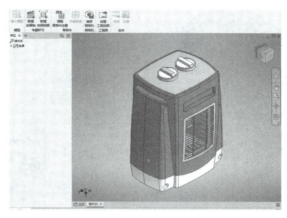

图 4-3　暖风机

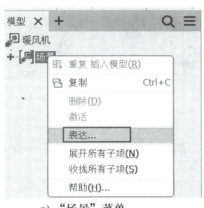

a）"场景"菜单

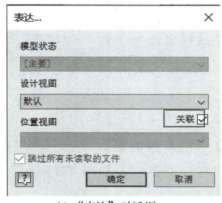

b）"表达"对话框

图 4-4　更改场景

若要在与设计视图表达关联的表达视图场景中编辑零部件的可见性或不透明度，可框选整个暖风机模型，然后右击，在消息栏中即可选择，如图 4-5a 所示。选择可见性或不透明度时需断开关联性或替代特性，如图 4-5b 所示。

单击"断开"按钮，可取消场景与原设计视图表达之间的关联性，会取消当前场景的"表达"对话框中的"关联"选项。

单击"替代"按钮，可阻止所编辑特性的设计视图表达关联性，"表达"对话框中的"关联"选项对于当前场景仍处于选中状态。如果原部件中的设计视图表达发生更改，则将保留场景中的所有特性替代，而仅会更新原始特性值。

2. 新建故事板

新建故事板的方法有多种：

1）单击功能区上的"表达视图"选项卡，在"专题研习"面板中单击"新

a) 编辑可见性或不透明度　　　　　　　b) 断开关联性或替代特性

图 4-5　编辑零部件

建故事板"按钮,如图 4-6 所示。

2)在软件界面左下角"故事板
面板"中,右击"故事板面板"选
项卡,在弹出的对话框中选择"新
建故事板",如图 4-7 所示。

图 4-6　新建故事板

3)在"故事板面板"中,"故事板 1"选项卡旁边,单击 ➕ ,此时将显示
"新建故事板"对话框,如图 4-8 所示。

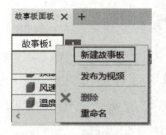

图 4-7　故事板的创建

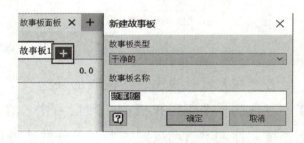

图 4-8　"新建故事板"对话框

① "故事板类型"如图 4-9 所示。

"紧接上一个开始":单击该选项,新故事板会插入选定故事板的后面。直至
原故事板终点的零部件位置、可见性、不透明度和照相机设置均为新故事板建立
初始状态。

"干净的":单击该选项启动故事板,并且其模型和照相机设置基于当前场景
使用的设计视图表达,不会继承任何动作。在故事板列表的结束处会添加"新建
故事板"选项卡。

②"故事板名称"：可指定要使用的故事板名称。默认情况下，故事板会按顺序获得常规名称和编号。单击"确定"按钮，创建并激活新故事板，如图 4-10 所示。

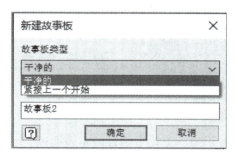

图 4-9　故事板类型

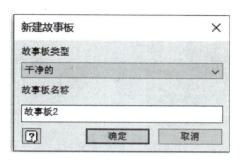

图 4-10　创建并激活新故事板

4.2　表达视图的应用

1. 预先动画设置

使用动画准备区设置照相机位置和方向及零部件可见性或不透明度设置。动画准备区动作不会显示在时间轴中。选择或新建故事板后可进行以下操作。

若要设置模型和照相机的初始状态而不录制动作，可将播放指针移到动画准备区，如图 4-11 所示。

图 4-11　播放指针

若要更改零部件的可见性，可在图形窗口或浏览器中选择该零部件，在右击弹出的菜单中选择"可见性"，如图 4-12 所示。若要编辑在动画准备区中隐藏的零部件的可见性，可从模型浏览器访问该零部件，然后更改相应设置。

若要更改零部件的不透明度，可在图形窗口或浏览器中选择该零部件，然后单击"不透明度"。然后使用"不透明度"小工具栏来指定不透明度值，如图 4-13 所示。

若要更改照相机的位置，可使用 ViewCube 或其他导航工具更改照相机设置。然后，在功能区上，单击"表达视图"选项卡中的"照相机"面板上的"捕获照相机"按钮。

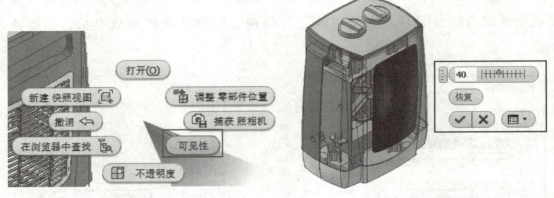

图 4-12　更改零部件的可见性　　　　图 4-13　更改零部件的不透明度

若要为故事板设置初始相机位置，可将播放指针移至动画准备区，然后更改并捕获相机。若要创建相机操作，请先将播放指针移至故事板时间轴上的所需位置，然后创建操作。若要更改动画准备区照相机位置，可重复执行捕获照相机的过程。

2. 预览动画的步骤

使用"故事板面板"中的工具栏播放预览动画。

若要预览动画，可单击 ▶ 按钮播放当前故事板或 ⬚ 按钮播放所有故事板。

若要以反向顺序播放动画，请单击 ◀ 按钮反向播放当前故事板或 ⬚ 按钮反向播放所有故事板。

若要暂停预览，可单击 ❙❙ 按钮暂停当前故事板或 ⬚ 按钮暂停所有故事板。

若要在特定时间开始，请将播放指针移至时间轴中的所需时间位置，然后单击"播放当前故事板"按钮。

3. 快照视图

快照视图是独立的，可链接到故事板时间轴，还可为 Inventor 模型创建工程视图或发布光栅图像等。

使用动画准备区新建独立的快照视图：在不使用动画时间轴的情况下新建独立的快照视图。将播放指针移至动画准备区，根据需要排列模型，然后新建快照视图。还可使用"编辑视图"模式更改快照视图的任何模型或照相机设置，如图 4-14 所示。

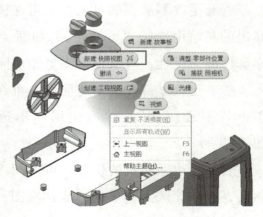

图 4-14　快照视图

快照视图保留在显示为界面一部分的面板中。如果"快照视图"面板不可见，可单击模型浏览器中的"+"号，并选择"快照视图"以显示面板。对于每个快照视图，可在该视图上右击，打开用于处理快照视图的菜单，如图4-15所示。该菜单包括：编辑可进行其他调整、更改照相机位置等、重命名、删除、创建工程视图和发布为光栅。

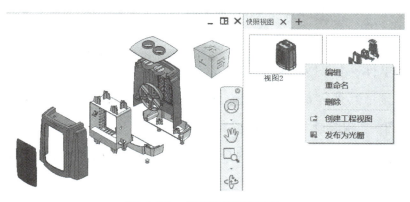

图4-15 快照视图的工具

4. 调整零部件位置

在功能区上，单击"表达视图"选项卡中"零部件"面板上的"调整零部件位置"按钮，如图4-16所示。也可以在要调整位置的零部件上右击，然后单击"调整零部件位置"，如图4-17所示。

图4-16 调整零部件位置（1）

在调整零部件位置时，可在"移动"和"旋转"位置参数类型之间切换，可更改选择集（添加或删除），可更改移动或旋转方向。注：若为曲面的零部件可通过在模型浏览器中选择零部件并使用"调整"按钮进行位置调整。用于曲面零部件位置参数的轨迹选项非常有限。

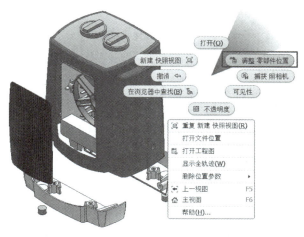

图4-17 调整零部件位置（2）

框选部件右击并向右上角滑动，选择"调整零部件位置"，在该选项中包括零件、是否显示轨迹、移动、旋转等。

若要定义位置参数，可执行以下操作：

若要调整位置，可单击 "移动" 或 "旋转" 按钮。

若要重新定义空间坐标轴的方向，可单击 "定位" 按钮，然后选择一个面或边方向参考。

若要选择轨迹，可在 "轨迹" 方式中选择："无轨迹" "所有零部件"（包括所有子部件和零件） "所有零件"（仅含零件） "单个" 可将一个轨迹用于参与位置调整的所有零件，如图 4-18a 所示。默认情况下，选定的第一个零部件获取单个轨迹。若要显示其他零部件的轨迹，可单击 。"添加轨迹"，然后选择轨迹原点位置。使用 "删除轨迹" 以删除默认轨迹。

若要指定位置调整计时，可设置 "持续时间"，如图 4-18b 所示。

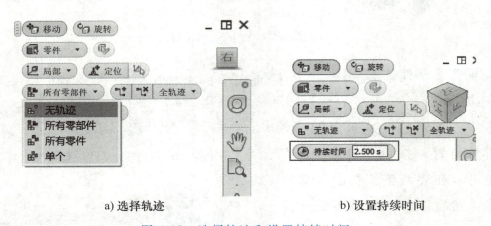

a) 选择轨迹　　　　　　　　　b) 设置持续时间

图 4-18　选择轨迹和设置持续时间

若要显示位置参数空间坐标轴，可在图形窗口中选择一个零部件，选择 "局部" 按钮，位置参数空间坐标轴将会显示。还可选择 "世界"（表达视图）按钮，如图 4-19 所示。

若要将零部件添加到选择中，可按住〈Ctrl〉键并选择多个要调整位置的零部件。也可使用 "添加/删除零部件"，先调整运动距离或角度，然后 "添加/删除零部件" 会启用，可通过单击更多零部件将它们添加到选择中。

若要选择位置参数类型，可在 "调整零部件位置" 小工具栏中，单击 "旋转" 以创建旋转位置参数，可以根据 X、Y、Z 轴调整；单击 "移动" 以创建平动位置参数，可以根据 X、Y、Z 轴调整。使用空间坐标轴操纵器也可以调整选

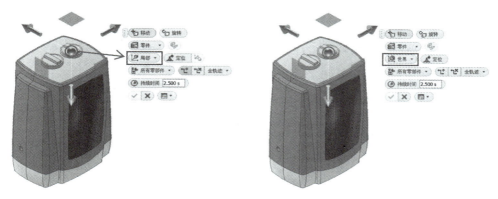

图 4-19　位置参数

定零部件的位置。

　　若要指定精确的调整距离或角度，可在小工具栏的编辑框中输入值。

　　若要将选定的零部件移动或旋转到所需的位置，可拖动空间坐标轴箭头、平面、扇区或原点，如图 4-20 所示。

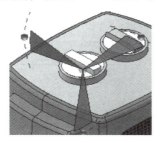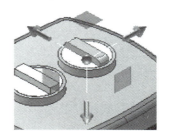

图 4-20　移动和旋转的操作

　　若要创建轨迹线，可在"调整零部件位置"小工具栏的列表中选择轨迹选项。默认情况下，"所有零部件"处于选中状态，如图 4-21a 所示。如果不需要轨迹线，可选择"无轨迹"，如图 4-21b 所示。

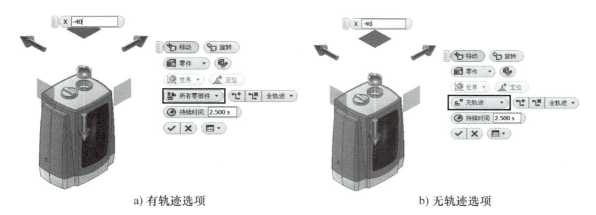

a) 有轨迹选项　　　　　　　　　　　　　　b) 无轨迹选项

图 4-21　轨迹选项

若要更改参与当前位置调整的零部件类型，可单击 🔲 "零件" 或 🔲 "零部件"，如图 4-22 所示。

若要添加零部件，可拖选零部件以启用 "添加/删除零部件"，然后单击 🔲 按钮并选择更多零部件。若要从选择的零部件中删除部分零部件，可按住〈Ctrl〉键并单击要删除的零部件，如图 4-23 所示。

图 4-22　调整零部件类型

若要将添加的零部件加入到故事板，可编辑 "持续时间" 值，如图 4-24 所示。

图 4-23　添加/删除零部件

图 4-24　调整操作持续时间

位置参数调整完成后，单击 "确定" 按钮，位置参数将同时保存到故事板和浏览器中。

可以选择并编辑各个位置参数、多个不相关的位置参数，选择多个位置参数组的多个成员，或者选择一个位置参数组的所有成员。选择方法包括：单个选择、按住〈Ctrl〉键的同时选择、在时间轴中全选。

使用 "该时间之前的所有项" "该时间之后的所有项" 或 "分组" 可以选择在播放指针位置或其他动作之前或之后发生的所有动作，也可以选择组参数位置中的所有动作，如图 4-25 所示。

先在时间轴中定位播放指针。然后在播放指针上右击鼠标，再单击 "选择"→"该时间之前所有项" 或 "该时间之后所有项" 选项，如图 4-26 所示。系统会选择与选择标准匹配的所有操作，最后进行修改。

若要删除所有参与零部件的位置参数，可在模型浏览器中右击 "位置参数"，然后选择 "删除" 选项，如图 4-27 所示。

图 4-25　选择组参数

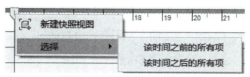

图 4-26　选择所有项

若要从位置参数中删除零部件，可在模型浏览器中展开位置参数文件夹，在要删除的零部件上右击，然后选择"删除"选项，可删除当前的位置参数或删除整个组，如图 4-28 所示。

图 4-27　删除位置参数（1）

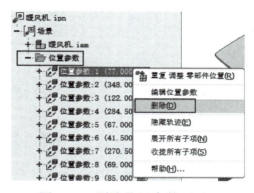

图 4-28　删除位置参数（2）

在"故事板面板"中的零部件上右击，然后单击"删除操作"，该零部件的所有位置参数都将被删除，使零部件恢复到其原始位置，如图 4-29 所示。

在故事板时间轴中的某一个位置参数实例（ <kbd>✛</kbd> 或 <kbd>↻</kbd> ）上右击，然后选择"删除"选项，可删除当前的位置参数或删除整个组，如图 4-30 所示。

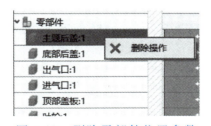

图 4-29　删除零部件位置参数

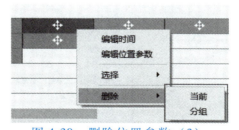

图 4-30　删除位置参数（3）

4.3　创建工程视图

创建或添加工程视图的方法如下：

1）单击功能区上"表达视图"选项卡中"工程图"面板的"创建工程视图"按钮，如图4-31所示。

图4-31　创建工程视图

2）双击"Standard.idw"图标创建工程视图，如图4-32所示。

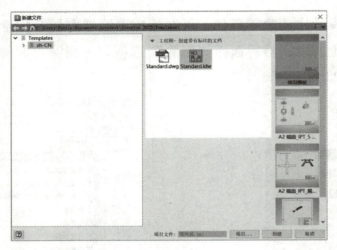

图4-32　创建工程视图

3）在"工程视图"对话框中，选择 "关联"以保留工程视图与快照视图之间的链接。选择了"关联"后，编辑快照视图时所做的编辑将传播到工程图中。设置"显示轨迹"选项以在工程视图中显示或隐藏轨迹线。单击"确定"按钮，在工程图中插入视图，如图4-33所示。

图4-33　选择关联

4.4　发布为视频

可以将故事板发布为 AVI 和 WMV 格式的视频文件。在功能区上，单击"表

达视图"选项卡中"发布"面板上
的"视频"按钮，如图 4-34 所示。

1）在"发布为视频"对话框
中，设置"发布范围"，可选择"所

图 4-34　发布为视频

有故事板""当前故事板"或"当前

故事板范围"。其中，"当前故事板范围"可指定发布的时间间隔。选择"反转"
可按相反顺序（即从终点到起点）发布视频，如图 4-35 所示。

2）在"发布为视频"对话框中，设置"视频分辨率"，可选择视频输出窗口
的预定义大小，或者选择"自定义"。其中，"自定义"可指定"宽度""高度"
"分辨率""帧频"（指定从 1~200 的值，默认值为 15），如图 4-36 所示。

3）在"发布为视频"对话框的"输出"中，修改文件名为"暖风机"，并指
定保存该文件的文件夹，在"文件格式"列表中，选择"WMV 文件（∗.wmv）"
格式，单击"确定"生成视频。

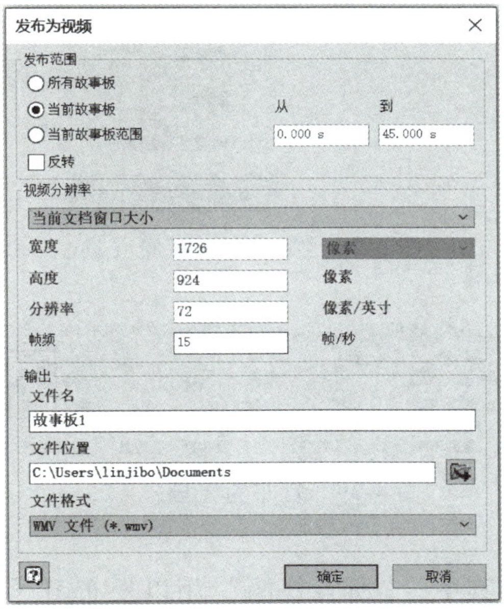

图 4-35　设置发布范围 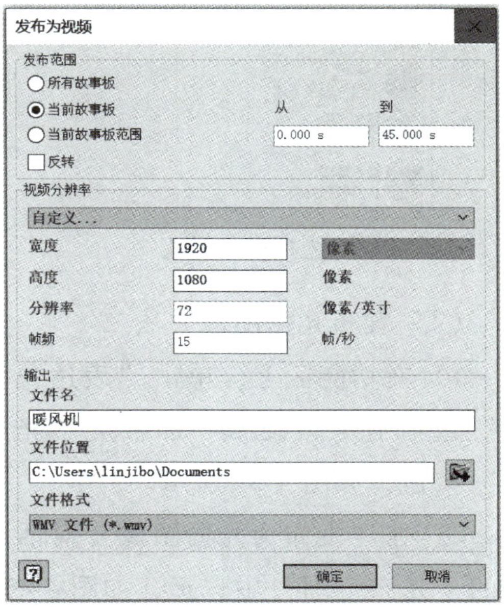　　　　　　　图 4-36　设置视频分辨率

4.5 发布为光栅图像

可以将快照视图发布为 BMP、GIF、JPEG、PNG 或 TIFF 格式的图像。在"视图"选项卡的"外观"面板中,可选择所需的视觉样式。其中,"线框"视觉样式仅提供线输出,如图 4-37 所示。

(1)发布光栅图像方法一 在"快照视图"选项卡中,选择一个或多个要发布的快照视图,右击视图选择"发布为光栅",如图 4-38 所示。若要发布所有快照视图,可在未选择任何快照视图的情况下单击"光栅"按钮。

图 4-37 选择视觉样式

图 4-38 发布光栅图像（1）

(2)发布光栅图像方法二

1）在功能区上,单击"表达视图"选项卡中"发布"面板上"光栅"按钮,如图 4-39 所示。

图 4-39 发布为光栅

2）在"发布为光栅图像"对话框的"发布范围"中选择,如图 4-40 所示。其中,"所有视图"用以发布 IPN 文件中所有可用的快照视图,"选定的视图"用以发布在"快照视图"面板中选择的视图，"当前视图"用以发布"编辑视图"模式中的快照视图。

3）在"发布为光栅图像"对话框的"图像分辨率"中选择预定义的图像大小或者选择"自定义"，然后从列表中选择单位，并指定自定义宽度和高度。如果使用"自定义"，可指定所需的图像分辨率。

4）在"发布为光栅图像"对话框的"输出"中，指定一个文件夹以保存文件。仅对于当前视图，文件名以"将使用快照视图的名称"，如图 4-41 所示。在"文件格式"列表中，选择要发布的格式，除 jpg 和 gif 格式外，均支持"透明背景"选项。

5）单击"确定"按钮，发布光栅图像。

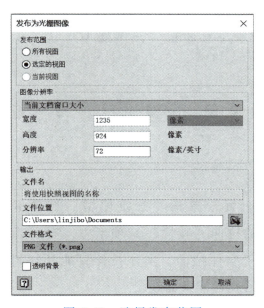

图 4-40　选择发布范围

图 4-41　发布光栅图像（2）

第5章 曲面建模及多实体建模

5.1 曲面建模

1. "创建"区域

默认状态下，选择标准零件模板"Standard.ipt"新建零件文件后将自动进入三维模型环境。用于编辑曲面的工具按钮位于工具面板"三维模型"选项卡的"创建"区域，如图5-1所示。

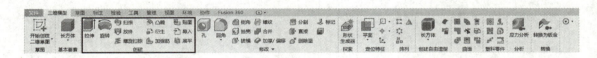

图5-1 "创建"区域

（1）曲面拉伸 新建草图，如图5-2a所示。单击"三维模型"选项卡中"创建"区域中的 █ "拉伸"按钮，在弹出的拉伸"特性"选项卡中，"距离A"输入10mm，如图5-2b所示。曲面拉伸不同于实体拉伸，实体拉伸只能是封闭草图或者平整面，而曲面拉伸可以是不封闭草图或者样条曲线。

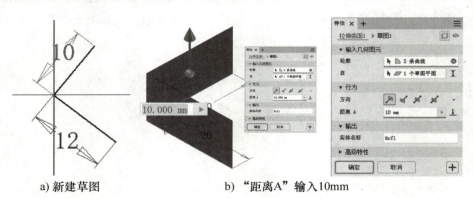

a) 新建草图　　　　　　　b) "距离A"输入10mm

图5-2 曲面拉伸

（2）曲面旋转 曲面旋转可绕选定轴旋转草图轮廓或平整面。在 XY 平面新建草图，如图 5-3a 所示，单击"三维模型"选项卡中"创建"区域中的 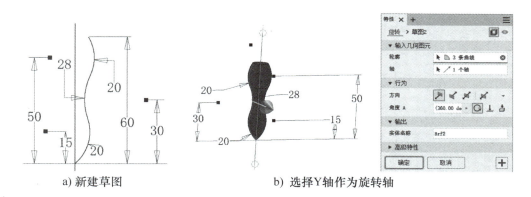 "旋转"按钮，选择 Y 轴作为旋转轴进行旋转，如图 5-3b 所示。

a) 新建草图　　　　　　　　　　　　b) 选择Y轴作为旋转轴

图 5-3　曲面旋转

（3）曲面扫掠　曲面扫掠可沿选定的路径扫掠草图轮廓或平整面。在 XY 平面新建路径草图，如图 5-4a 所示。在 YZ 平面新建轮廓草图，如图 5-4b 所示。单击"三维模型"选项卡中"创建"区域中的 "扫掠"按钮，分别选择路径与轮廓，如图 5-4c 所示。打开扫掠"特性"对话框中 "曲面"模式按钮，如图 5-4d 所示。

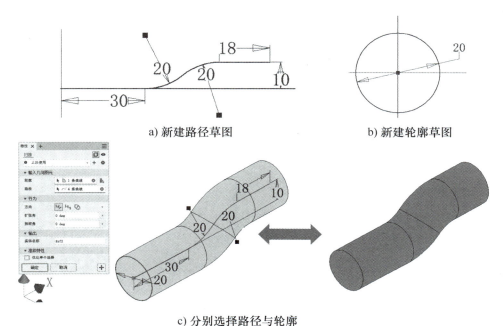

a) 新建路径草图　　　　　　　　　　　b) 新建轮廓草图

c) 分别选择路径与轮廓

图 5-4　曲面扫掠

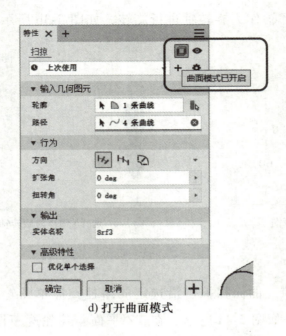

d) 打开曲面模式

图 5-4 曲面扫掠（续）

（4）曲面放样　曲面放样可在两个或更多草图轮廓或平整面之间创建过渡形状。在 XZ 平面新建草图，如图 5-5a 所示。从 XZ 平面向上偏移 10mm 创建平面如图 5-5b 所示。在新建的平面上新建草图，如图 5-5c 所示。单击"三维模型"选项卡中的 "放样"按钮，打开"放样"对话框中的 "曲面"模式按钮，如图 5-5d 所示。放样中的轮廓可以选择多个，在每个轮廓在"条件"选项卡中有无条件和方向条件两种模式。当使用方向条件时，可根据模型需求调整角度与权值，如图 5-5e 和图 5-5f 所示。调整后的效果，如图 5-5g 所示。

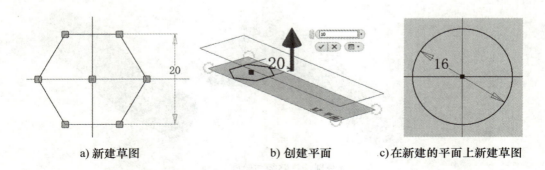

a) 新建草图　　　　b) 创建平面　　　c)在新建的平面上新建草图

图 5-5 曲面放样

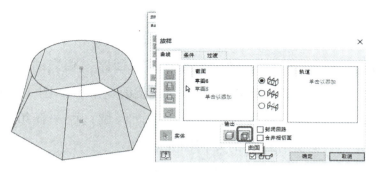

d) 打开"曲面"模式按钮

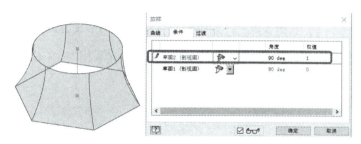

e) 调整草图2角度与权值

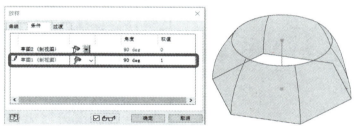

f) 调整草图1角度与权值

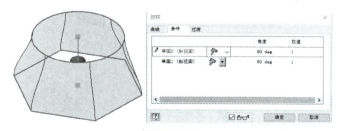

g) 调整后效果

图 5-5　曲面放样（续）

2. "曲面"区域

默认状态下，选择标准零件模板"Standard．ipt"新建零件文件后将自动进入三维模型环境。用于绘制曲面的工具按钮位于工具面板"三维模型"选项卡的"曲面"区域，如图5-6所示。

图 5-6　"曲面"区域

（1）面片（边界嵌片）面片（边界嵌片）可从封闭的二维草图或封闭的边界生成平面、曲面或三维曲面。单击"三维模型"选项卡中"曲面"区域中的 "面片"按钮，选择一个包含单个回路、多个回路、相交回路或孤岛的二维草图。在单个操作中选择的所有回路将创建一个截面轮廓，如图 5-7 所示。

区域选择仅限于平面边界嵌片。对于非平面区域，可选择第一个回路，还可使用"选择其他"浏览所有可选的几何图元。

连续边的边条件必须相同。因此，所有与上一条边相切或平滑的选定曲面边将合并，并显示为一条边。若选定边已启用"自动链选边"，则在"条件"面板中也显示为一条边。若要将某特定条件应用到每个边，则应禁用"自动链选边"。

此外，平面边界嵌片还具有 接触（G0）、 相切（G1）、 平滑（G2）三个选项。如图 5-8 所示。

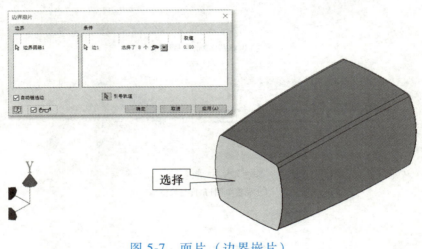

图 5-7 面片（边界嵌片）

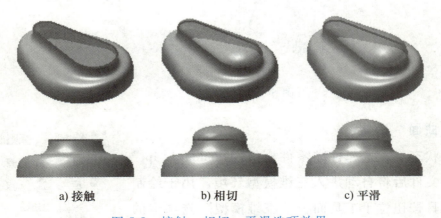

a) 接触   b) 相切   c) 平滑

图 5-8 接触、相切、平滑选项效果

（2）缝合曲面　缝合曲面的使用方法为：单击"三维模型"选项卡，选择"曲面"面板中的"缝合" 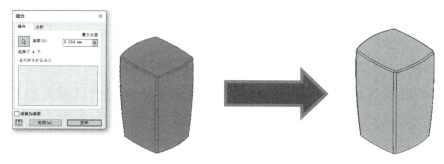命令，如图 5-9 所示。在零件环境中使用"缝合"功能将曲面缝合为缝合曲面。使用"缝合"对话框中的"曲面"选择器，通过以下方法之一选择曲面：

1）若要一次选择所有曲面，可右击鼠标，然后单击"全选"。

2）若要选择一个或多个单独的曲面，可在"缝合"窗口中单击要选择的曲面。

图 5-9　缝合曲面

（3）灌注曲面　灌注曲面可以创建实体或者从实体中添加或删除材料。

灌注曲面的使用方法为：单击"三维模型"选项卡中"曲面"面板中"灌注"按钮。

若要执行"新建实体"或"添加"操作，可单击"曲面"选择器，然后选择形成区域边界的一个或多个曲面或工作平面进行添加。软件将自动选择任何参与选定封闭区域的现有实体。

若要执行"删除"操作，可单击"曲面"，然后选择形成区域边界的一个或多个曲面或工作平面进行删除。如果在文件中存在多个实体，可以单击实体选择器以选择参与实体，如图 5-10 所示。

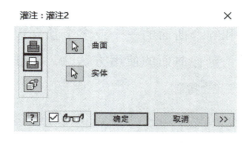

图 5-10　"添加""删除"
与"新建实体"

"添加" ：根据选定的几何图元，将材料添加到实体或曲面。默认情况下，应用程序选择全部选定曲面的两侧。

"删除" ：根据选定的几何图元，将材料从实体或曲面中删除。默认情况下，应用程序选择全部选定曲面边框中心的对侧。

"**新建实体**" ⬡：创建实体。如果灌注是零件文件中的第一个实体特征，则该选择就是默认设置。选择该选项可在当前含有实体的零件文件中创建新实体。每个实体均为独立的特征集合。实体可以与其他实体共享特征。

（4）修剪曲面　通过选择切割工具和要删除的曲面区域来修剪曲面特征。单个修剪特征仅可以作用于单个曲面体。

修剪曲面的使用方法为：单击"三维模型"选项卡，选择"曲面"面板的 ✂ "修剪"命令。

在"修剪"对话框中，单击"修剪工具"选择器，然后单击要修剪的几何图元，如图 5-11 所示。可修剪的几何图元包括：缝合曲面、单个零件面（来自零件实体或曲面体）、由二维草图曲线构成的单个不相交路径、工作平面。

如果要删除的区域多于要保留的区域，可选择要保留的区域，然后单击"反向选择"以反选选择集。

如果要在选择集中添加或删除区域，可按住〈Ctrl〉键并单击曲面体。

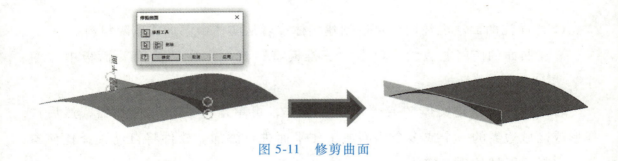

图 5-11　修剪曲面

（5）延伸曲面　延伸曲面可使曲面在一个或多个方向上扩展，可以延伸曲面边和缝合曲面的一个或多个独立边，仅可以延伸边界边。

延伸曲面的使用方法为：单击"三维模型"选项卡中"曲面"面板的"延伸" ⬛ 按钮。

可以单击"更多" ≫ 按钮，指定如何根据相邻边来延伸边。沿直线从与选定边相邻的边创建延伸边，如图 5-12 所示。

无法使用延伸曲面来延伸零件面，可单击位于单一曲面或缝合曲面上个别曲面边以进行延伸。若要选择新的曲面，则须清除当前选择。若在更新时选定面的边界具有多条边，则这些边不会自动添加到延伸特征，并且与延伸面未完全相交的非样条曲线面会自动延伸。

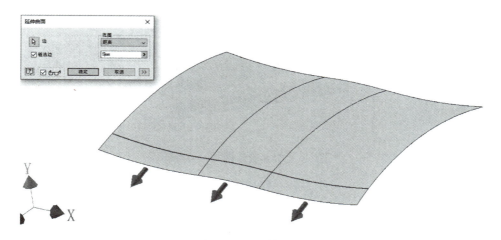

图 5-12　延伸曲面

3. 塑料零件

默认状态下，选择标准零件模板"Standard. ipt"新建零件文件后，将自动进入三维模型环境。塑料零件工具位于工具面板的"塑料零件"选项卡，如图 5-13 所示。

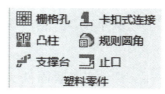

图 5-13　塑料零件

（1）栅格孔　栅格孔的使用方法为：单击"三维模型"选项卡中"塑料零件"面板的 "栅格孔"按钮。

如果零件文件包含多个实体，可使用"实体"选择器来选择目标实体。

在"栅格孔"对话框的"边界"选项卡中，使用"截面轮廓"选择器指定栅格孔的封闭范围。边界必须是封闭的草图，如图 5-14a 所示。

图 5-14b 中，可输入边界参数：

"W"："边界""厚度"。

"H"："边界""高度"。

"O"：相对于零件曲面边界顶面的外部高度偏移量。

图 5-14c 中，可输入加强筋参数：

"W"："加强筋""厚度"。

"H"："加强筋""高度"。

"O"：边界外部面开始的加强筋顶部偏移量。

（2）凸柱　在开始之前，首先创建或导入薄壁零件，如图 5-15 所示。该零件包含二维草图，其中的一些点与凸柱放置位置相对应。

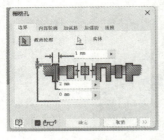
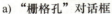

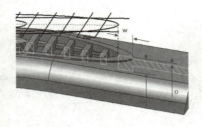

a)"栅格孔"对话框   b)边界参数示例   c)加强筋参数示例

图 5-14 栅格孔参数选择

凸柱的使用方法为：单击"三维模型"选项卡中"塑料零件"面板中的 ⚙ "凸柱"按钮。在"凸柱"对话框的"形状"选项卡中，选择"放置"→"从草图"，然后选择凸柱类型，如图 5-16a所示。

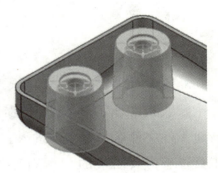

"头" ⚙ ：紧固件头所在的位置。

"螺纹" ⚙ ：紧固件螺纹所占的位置。

图 5-15 薄壁零件

使用"中心"和"实体"选择器，在图形窗口中单击以在草图中选择点，如果在零件文件中有多个实体，则选择目标实体。如果该草图是唯一具有点的草图，则将会自动选择它们，单击 ⚙ "反向"，可以反转方向。方向自动设定为沿草图平面法向轴与零件实体距离最近的方向，还可以通过拖动方向预览箭头反转方向，如图 5-16b 所示。

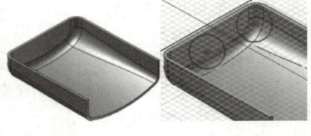

a)"凸柱"对话框   b)草图

图 5-16 凸柱

"圆角" ⚙ ：凸柱（和加强筋）与目标零件实体交集处的定圆角半径。

对于头类型凸柱，可在"凸柱"对话框的"端部"选项卡中指定参数，或者使用操纵器进行调整，直到达到合适的尺寸。

"沉头孔"　：可指定"壁厚""柄高度""夹高度""柄直径""夹直径"和"头直径"。

"倒角孔"　：可指定"壁厚""柄高度""夹高度""柄直径""夹直径""头直径"和"倒角孔角度"。

"拔模选项"：对于倒角孔头和沉头孔头，可指定"外部拔模斜度""内部拔模斜度""轴拔模斜度"和"夹拔模斜度"。

在"孔"选项中又包含三个选项分别为"深度""全螺纹"和"贯通"，如图 5-17 所示。

"深度"：可指定"螺纹直径""螺纹孔直径""螺纹孔深度""外部拔模斜度"和"内部拔模斜度"，如图 5-18a 所示。

"全螺纹"：孔自动延伸到内壁面。最好避免在铸造的塑件中出现缩痕。可指定"螺纹直径""螺纹孔直径""外部拔模斜度"和"内部拔模斜度"，如图 5-18b 所示。

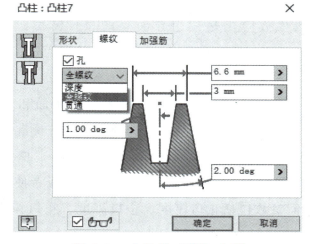

图 5-17　凸柱的"孔"选项

"贯通"：孔穿过整个零件。可指定"螺纹直径""螺纹孔直径""外部拔模斜度"和"内部拔模斜度"，如图 5-18c 所示。

（3）止口　止口可将一条路径上的止口延伸限制到两个修剪平面。

在开始之前，先使用包含一组平滑连接边界边（相切连续）的路径创建或导入薄壁零件。沿该路径定义两个工作平面和两个工作点，每条路径都必须是相切连续的。相同止口或槽的所有路径必须位于相切连续的面上，但不要选择倒角边，保持路径开放。

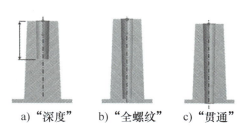

a)"深度"　　b)"全螺纹"　　c)"贯通"

图 5-18　"深度""全螺纹"和"贯通"示意图

止口的使用方法为：单击"三维模型"选项卡中"塑料零件"面板中的"止口"　按钮。在"止口"对话框中，选择要创建的止口类型："形状"或"槽"，如图 5-19 所示。

使用"路径边"选择器，可选择一条或多条路径。

使用"引导面"选择器，可选择要引导的薄壁零件的面。"引导面"包含相邻区域中的路径边。选中后，"引导面"可将止口/槽的截面沿路径保持固定角度。

勾选"拔模方向"，可选择拔模方向。"拔模方向"是"引导面"的替代方案，选中后，应确保止口/槽截面沿整条路径与其平行。

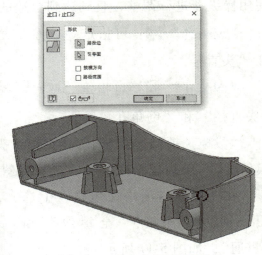

图 5-19 "止口"对话框

勾选"路径范围"，可选择两个平面和两个点。首先止口运算尝试选择扇区，然后使用绿色和黄色点来选择要保留或删除的部分。

在"止口"对话框的"形状"或"槽"选项卡中，指定止口或槽的几何参数。可以在文本框中使用精确输入，或者使用支持所有参数的交互式标注操纵器，几何参数包括止口厚度、止口高度、止口拔模斜度、轴位宽度和挖空体高度，如图 5-20 所示。

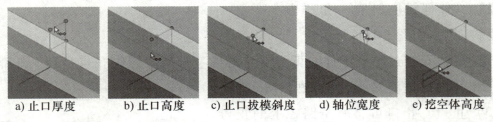

a) 止口厚度　　b) 止口高度　　c) 止口拔模斜度　　d) 轴位宽度　　e) 挖空体高度

图 5-20 止口命令几何参数

5.2 多实体建模

多实体建模采用的是一种自上而下的设计模式，对比传统的自下而上零件建模，它能够在单个零件文件中创建和定位多个实体。在多实体创建过程中，设计者可以通过浏览器列表控制每个实体的可见性，并根据需要定义各个实体的单独颜色样式。

作为一种面向装配的三维设计，基于多实体的自上而下设计模式具有比较多的优势：

1）采用多实体建模，所有实体都是从一个模型上分割下来的，实体之间不存在外形的匹配问题。如图 5-21 所示，暖风机的整体外形是由两个曲面体组合而成，再通过分割，创建暖风机的主体前后盖和底部前后盖零件。

2）针对建模过程中的细节，特别是塑料件结构特征，如止口、卡扣、凸柱等，可以使用共同的基准草图或工作点，而且是在一个零件上创建的，基本上不会存在尺寸不匹配的问题。

3）在数据关联上，有时 Inventor 2023 在跨零件间投影时会出现问题，但是在一个零件中投影时却没有问题，而且关联速度会更快。

4）在零件装配问题上，采用多实体生成的部件装配文件，各个零件之间的位置关系仍然保持不变，因此既不需要重新添加约束关系，减少了装配时间，也不用考虑零部件之间的干涉问题，而且在原始多实体零件更新时，生成的装配也会关联更新变化。

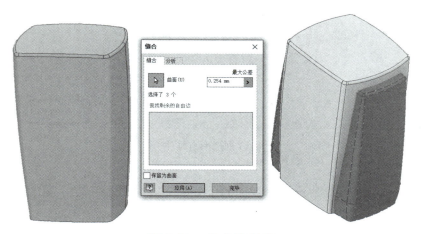

图 5-21　多实体创建

创建完成多实体零件后，在 Inventor 2023 的浏览器中可修改多实体的名称。例如，在本例暖风机零件中，分别将多个实体命名为"主体后盖"、"主体前盖"、"底部后盖"、"底部前盖"四个实体，如图 5-22 所示。

建模完成后，单击"管理"选项卡中"布局"中的"生成零部件"按钮，

图 5-22　多实体命名

如图 5-23a 所示。弹出"生成零部件：选择"对话框后，框选所有零件，单击
"下一步"，如图 5-23b 所示。在"生成零部件：实体"对话框中，单击"确定"
按钮，如图 5-23c 所示，进入 .iam 装配文件，完成暖风机外壳多实体造型，如
图 5-23d 所示。

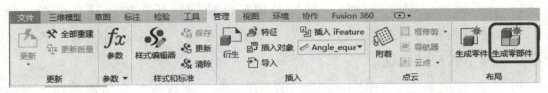

a)"生成零部件"按钮

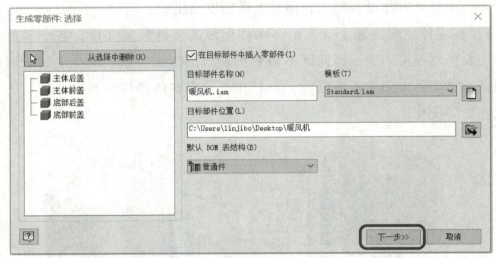

b) 框选所有零件

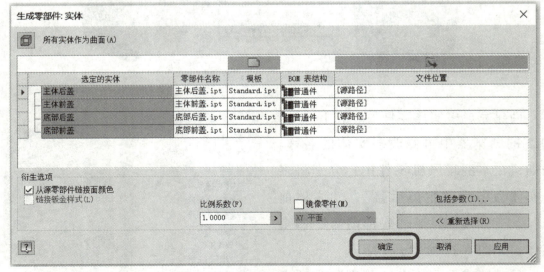

c) 单击"确定"按钮

图 5-23　暖风机外壳多实体造型

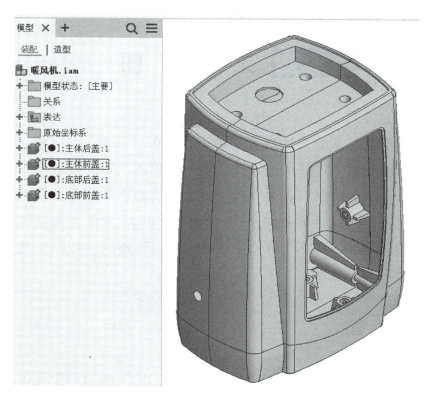

d) 进入"暖风机.iam"装配文件

图 5-23　暖风机外壳多实体造型（续）

第6章 工 程 图

工程图是表达产品信息的主要媒介，是工程界的"语言"。目前，工程技术人员往往需要将三维的数字化零部件转换二维的工程图，以便更全面地表达产品的设计思想、工艺要求、检测及装配方法等信息，从而指导生产制造。因此，绘制零部件工程图是零部件设计的重要环节，Inventor 2023 为设计人员提供了强大的工程图功能，利用 Inventor 2023 可方便、高效地创建和编辑与原模型关联的工程图，实现设计全程的信息化。

6.1 工程图设置

启动软件，单击"新建"按钮，并选择"新建文件"对话框中的工程图模板"Standard. idw"，单击"创建"按钮，创建工程图文件并进入工程图环境，如图 6-1 所示。

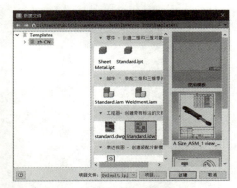

a) "新建"按钮   b) 选择工程图模板   c) 工程图环境

图 6-1　进入工程图环境

新建工程图文件时使用的模板决定了工程图所依据的标准。用户可以对工程图样式与标准做出修改，并对工程图进行相应的设置。

1. 尺寸样式设置

单击工具面板"管理"选项卡中的"样式编辑器"按钮，打开"样式和标准编辑器"对话框，如图 6-2 所示。

a) 选择"样式编辑器"按钮　　　　　b) 打开"样式和标准编辑器"对话框

图 6-2　样式和标准编辑器

　　将"样式和标准编辑器"对话框左侧浏览器中的"尺寸"选项展开并选择"默认（GB）"，即可对尺寸样式进行修改。

　　选择"单位"选项卡，将"线性"与"角度"的"精度"分别调整为"0"和"DD"，并单击对话框上方的"保存"按钮，如图 6-3b 所示。

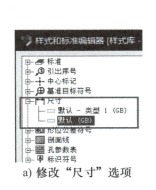

a) 修改"尺寸"选项　　　　　b) 编辑"单位"选项卡

图 6-3　调整尺寸精度

　　选择"显示"选项卡，将"A：延伸"所对应的值改为"2.00mm"并单击对话框上方的"保存"按钮，以减少尺寸界线超出尺寸线的距离，如图 6-4 所示。

　　选择"文本"选项卡，将"公差文本样式"调整为底端对齐，将"角度尺寸"样式选为 "平行-水平"，更改"直径"与"半径"的标注样式，并单击对话框上方的"保存"按钮，如图 6-5 所示。

　　选择"公差"选项卡，将"线性精度"选为小数点后三位（即"3.123"），

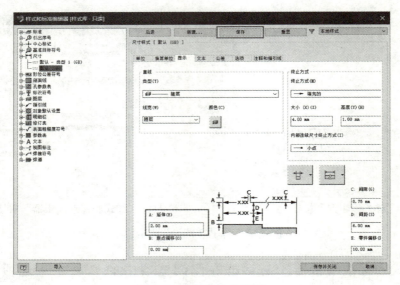

图 6-4　更改尺寸界线

图 6-5　更改公差文本、角度、直径与半径的标注样式

零公差"显示选项"选为 $^{X+0.50}_{X-0.50}$ "无尾随零-无符号",并单击对话框上方的"保存"按钮,如图 6-6 所示。

2. 基准标识符号样式设置

将"样式和标准编辑器"对话框左侧浏览器中的"标识符号"选项展开并选择"基本标识符号",并将此对话框右侧的"符号特性"中"形状"更改为 A,如图 6-7 所示。

3. 图层设置

将"样式和标准编辑器"对话框左侧浏览器中"图层"选项展开,单击任一图层名称将其激活便可对该图层做出修改(如线型、线宽、颜色等),如图 6-8 所示。

图 6-6　线性精度的调整

图 6-7　更改基准标识符号的样式

图 6-8 所示的"折线（ISO）"图层用于存放局部放大图和断裂视图的边界，根据国家标准，局部放大图和断裂视图的边界应为细实线，应将该图层的线宽由默认的"0.50mm"调整至"0.25mm"。另外，Inventor 2023 局部剖视图的边界线

默认为粗线，而国家标准规定为细线，这是因为局部剖视图的边界线默认状态下引用了图层"可见（ISO）"的格式。

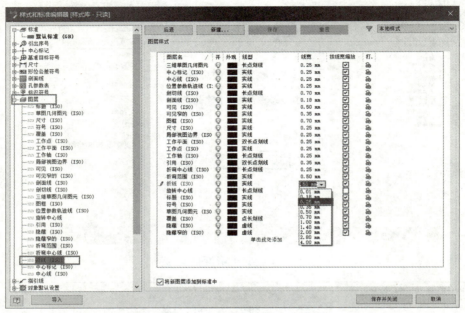

图 6-8　图层设置

修改方法为：展开"样式和标准编辑器"对话框左侧浏览器中的"对象默认设置"选项，选择其中的"对象默认（GB）"，单击右侧的"局部剖线"，并将其所在的图层改为"折线（ISO）"，如图 6-9 所示。

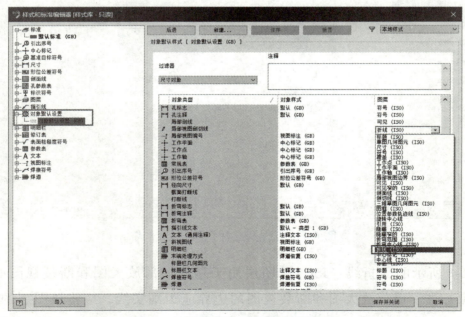

图 6-9　局部剖视图的边界线设置

4. 标题栏设置

用户可根据需要对默认的标准标题栏进行编辑。标题栏位于浏览器"工程图资源"文件夹，修改时在浏览器中将需要修改的标题栏选中并右击，选择右键菜单中的"编辑定义"选项，如图 6-10 所示，便可进入草图环境对标题栏进行修改。

图 6-10　编辑标题栏

由于编辑标题栏的环境为草图环境，故可以用草图工具对表格线、文字等进行修改，如图 6-11 所示。

完成编辑后，在图形区的空白处右击，选择"保存标题栏"选项，便可将修改后的标题栏予以保存。此处如果选择"另存为"，则可将标题栏作为自定义标题栏保存在工程图资源下的标题栏当中。

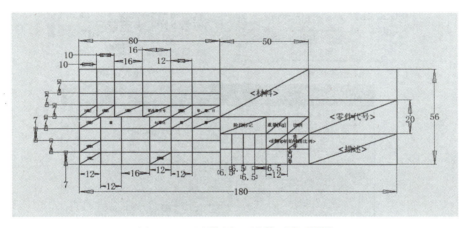

图 6-11　用草图工具修改标题栏

5. 图纸设置

在浏览器中，将图纸选中并右击菜单中的"编辑图纸"选项，打开"编辑图纸"对话框，如图 6-12 所示。在该对话框中，可对图纸的名称、大小、方向以及标题栏的位置等进行设置。

6. 图框插入

插入图框前，应先将图纸中原有的图框删除，如图 6-13a 所示。然后在浏览器工程图资源"图框"文件夹下的"默认图框"上右击，单击弹出菜单中的"插入图框"选项，如图 6-13b 所示。在打开的"工程图图框的默认参数"对话框中进行相应的设置后，单击"确定"按钮，便可将新的图框插入当前图纸，如图 6-13c 所示。

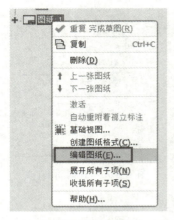

a) 选择"编辑图纸"　　　　　　　b) 打开"编辑图纸"对话框

图 6-12　图纸设置

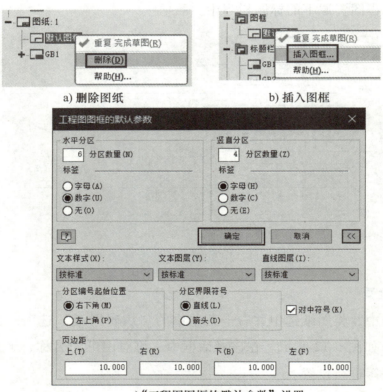

a) 删除图纸　　　　　　　b) 插入图框

c)"工程图图框的默认参数"设置

图 6-13　图框的插入

7. 工程图模板创建

前面介绍的更改工程图样式与标准的方法仅对当前工程图有效，若要重复使用，则需将完成样式与标准设置的工程图保存为模板。工程图样式与标准设置完成后，可单击左上角的"文件"→"另存为"→"保存副本为模板"，如图 6-14a 所示，这样可将该工程图保存在 Inventor 2023 默认模板所在的文件夹中。再次新建文件时，便可使用这一模板，如图 6-14b 所示。

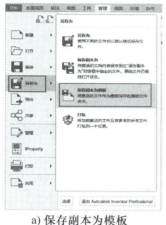

a) 保存副本为模板　　　　　　b) "新建文件"对话框中的用户模板

图 6-14　保存为工程图模板

也可将完成设置的工程图文件直接保存至 Inventor 2023 默认模板所在的文件夹中作为模板使用。Inventor 2023 默认模板所在的文件夹可通过"应用程序选项"对话框的"文件"选项卡查看或修改，如图 6-15 所示。

a) "应用程序选项"按钮　　　　b) 查看或修改默认模板的保存路径

图 6-15　默认模板的保存路径

注意：如果在对工程图进行的样式与标准的设置中改变了系统的默认样式，则保存模板时应先将这些样式保存至样式库。由于这种方法会对库中的版本进行替换，不建议初学者使用，故本书对此不做介绍，有兴趣的读者可参考相关书籍。

6.2　工程图视图

6.2.1　视图的基本概念

零部件向投影面投射，所得到的投影（图形）称为"视图"，如图 6-16 所示。零件分三个投影面投影，分别得到三个图形，这三个图形便是用于表达该零件的三个视图，分别称为该零件的主视图、俯视图与左视图。由三个视图可看出：主视图和左视图高度一致，主视图和俯视图长度一致，俯视图和左视图宽度一致。

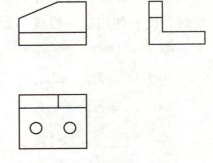

视图是表达零部件形状尺寸的主要手段，是交流设计思想的工具。Inventor 2023 可创建零部件的基础视图、投影视图、斜视图、剖视图、局部视图、重叠视图、断裂画法、局部剖视图、断面图等，如图 6-17 所示。

图 6-16　视图的概念

图 6-17　"放置视图"选项卡

6.2.2　视图的创建

Inventor 2023 创建的视图可分为两类：一类是由三维零部件文件或已有的工程图视图创建的新视图，另一类是在已有的工程图视图上修改得到的视图。前者包括基础视图、投影视图、斜视图、剖视图、局部视图、重叠视图；后者包括断裂画法、局部剖视图、断面图。本节将举例介绍各种视图的主要作用及创建方法。

1. 基础视图

基础视图是在新工程图中创建的第一个视图，是生成其他视图的基础。

【例 6-1】　以"基础视图与投影图.ipt"为例，创建基础视图。

操作方法：

1）新建工程图文件，模板为"Standard.idw"。

2）单击工具面板"放置视图"选项卡中的"基础视图"按钮，打开"工程视图"对话框，如图 6-18 所示。

打开现有零部件：用于选择待生成基础视图的零部件文件图方向，可在 Inventor 2023 给出的多种方向中选择基础视图的方向，选中的方向可在图形区中预览，如图 6-19a 所示。

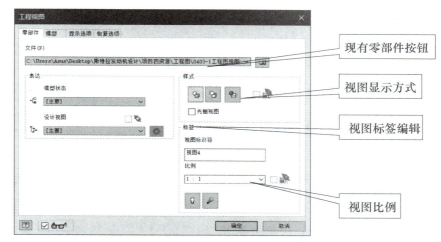

a) "基础视图"按钮   b) "工程视图"对话框

图 6-18 基础视图的创建

自定义视图方向：可通过旋转工具自由旋转视图，用于确定基础视图的方向，如图 6-19b 所示。

视图显示方式：包含显示隐藏线按钮、不显示隐藏线按钮和着色按钮。前两者均可与后者配合使用，共同确定四种显示方式，如图 6-20 所示。

· 视图比例：可选择现有的比例，也可自行输入所需的比例。

· 视图标识符：用于指定视图的名称。

· 视图标签的编辑：用于自定义图标签，如比例、标识符等内容。

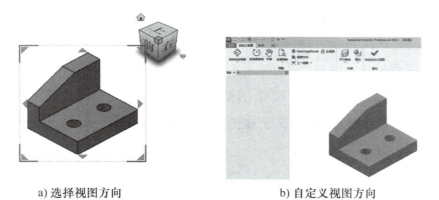

a) 选择视图方向   b) 自定义视图方向

图 6-19 视图方向定义

· 视图标签的可见性：用于控制图标签（比例标识等）是否在工程图中显示。

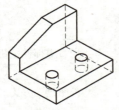
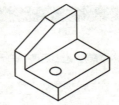
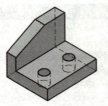
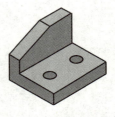

a) 显示隐藏线但不着色　　b) 不显示隐藏线且不着色　　c) 显示隐藏线且着色　　d) 不显示隐藏线且着色

图 6-20　视图显示方式

3）单击打开现有零部件按钮，浏览找到待生成基础视图的零部件"基础视图与投影视图.ipt"，通过"视图方向选择"或"自定义视图方向"，按照图 6-21a 设定基础视图的方向，将比例选为"1∶1"，保持视图标签默认的不可见状态，视图显示方式选为显示隐藏线且不着色，单击"确定"按钮可将基础视图放入当前图纸当中。默认状态下，Inventor 2023 会提示是否仍需对当视图进行投影，此时右击并选择右键菜单中的"确定"按钮，完成对当前视图的投影，如图 6-21b 所示，完成基础视图的创建。

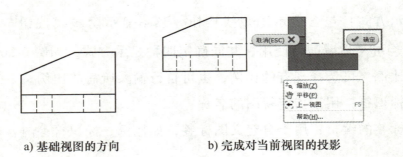

a) 基础视图的方向　　　　　b) 完成对当前视图的投影

图 6-21　基础视图的创建

2. 投影视图

利用投影视图工具可从基础视图或任意其他现有视图中生成正交视图或等轴侧视图，如图 6-22 所示。

【例 6-2】　以"基础视图与投影视图.ipt"为例，创建投影视图。

操作方法：

1）打开工程图文件"投影视图.idw"。

2）单击工具面板"放置视图"选项卡中的

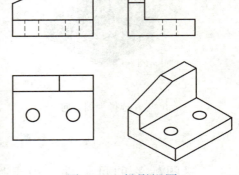

图 6-22　投影视图

"投影视图"按钮，将鼠标移至图形区中，单击选中基础视图作为投影的对象，然后向不同的方向拖动并在适当的位置单击，创建投影视图，在放置完所有投影视图后右击，选择右键菜单中的"创建"按钮，完成投影视图的创建，如图 6-23 所示。

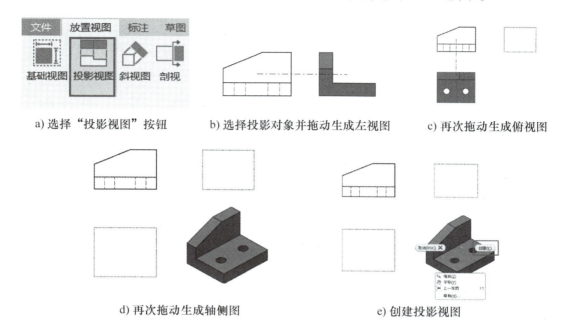

a) 选择"投影视图"按钮　　b) 选择投影对象并拖动生成左视图　　c) 再次拖动生成俯视图

d) 再次拖动生成轴侧图　　　　　　e) 创建投影视图

图 6-23　投影视图的创建

默认状态下，由投影视图得到的正交视图将与其父视图（此例中为基础视图）对齐，并继承父视图的比例与显示方式。若需更改，可双击该视图（或选中该视图后右击，选择右键菜单中的"编辑视图"），去除"工程视图"对话框中相应的勾选符号，如图 6-24 所示。

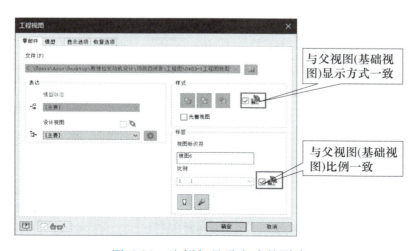

图 6-24　比例与显示方式的更改

3. 斜视图

斜视图常用于表达零部件上下不平行与基本投影面的结构，如图 6-25 所示。

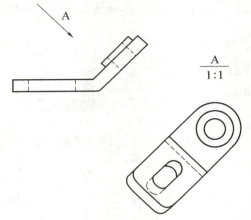

图 6-25　用斜视图表达不平行与基本投影面的结构

【例 6-3】　以"斜视图 . ipw"为例，创建视图。

操作方法：

1）打开工程图文件"斜视图 . idw"。

2）单击工具面板"放置视图"选项卡中的"斜视图"按钮，将鼠标移至图形区中，单击选中用于创建斜视图的父视图，在"斜视图"对话框中完成相应的设置（如比例、显示方式等），然后选择父视图上的几何图元作为斜视图的投影方向，此时可向垂直或平行于选中的几何图元的方向拖动鼠标，以创建不同方向的斜视图，移动鼠标将斜视图放置在适当的位置后单击"确认"按钮，即可完成斜视图的创建，如图 6-26 所示。

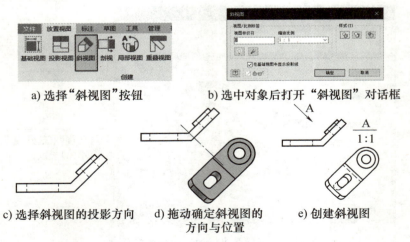

a) 选择"斜视图"按钮　　　　b) 选中对象后打开"斜视图"对话框

c) 选择斜视图的投影方向　　d) 拖动确定斜视图的　　e) 创建斜视图
　　　　　　　　　　　　　　方向与位置

图 6-26　斜视图的创建

可用"修剪"工具对斜视图进行修剪，修剪工具位于工具面板的"放置视图"选项卡。例如，可首先创建一个与当前视图（图6-27a）相关联的草图（图6-27b），然后选择"修剪"工具，并在图形区中选择刚创建的草图，即可删除视图中草图以外的部分，完成草图的修剪（图6-27c）。也可不创建草图，直接选择"修剪"工具，然后通过框选的方法指定范围并完成修剪，如图6-28所示。

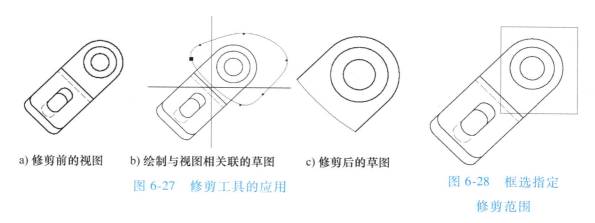

a) 修剪前的视图   b) 绘制与视图相关联的草图   c) 修剪后的草图

图 6-27　修剪工具的应用

图 6-28　框选指定
修剪范围

4. 剖视图

剖视图常用于表达零部件的内部结构，如图6-29所示。

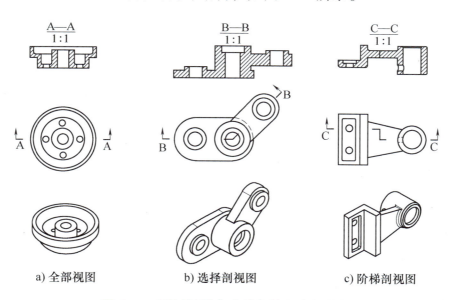

a) 全部视图   b) 选择剖视图   c) 阶梯剖视图

图 6-29　用剖视图表达零部件的内部结构

【例 6-4】　以"剖视图.idw"为例，创建剖视图。

操作方法：

1）打开工程图文件"剖视图.idw"。

2）单击工具面板"放置视图"选项卡中的"剖视"按钮，先创建如图 6-29a 所示的全剖视图。对于该全剖视图，剖切面为该零件的对称面，将鼠标移动至零件俯视图的中心，软件将捕捉到该零件作中心孔的圆心（鼠标的黄色圆点变为绿色则说明成功），再将鼠标沿由圆心出发的水平线（线移至俯视图左边，单击创建剖切面的第一点，再沿虚线移动鼠标至视图右边，单击创建剖切面的第二点，此时右击菜单中的"继续"按钮，在打开的"剖视图"对话中完成相应的设置（如比例、显示方式、剖切深度等，此例中保默认即可），并在图形区中移动鼠标将剖视图带到合适的位置后单击，完成全剖视图的创建，如图 6-30 所示。

3）旋转剖视图与阶梯剖视图的创建方法与全剖视图相似，仅剖切面的指定过程存在区别，如图 6-31 所示。

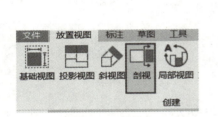
a) 选择"剖视"按钮

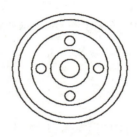
b) 捕捉零件视图中心

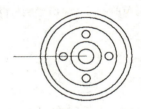
c) 沿虚线拖动并创建剖切面第一点

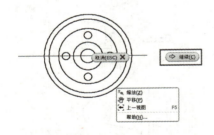
d) 创建剖切面的两端点后右击选择继续

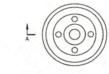

e) 完成"剖视图"对话框中的相应设置并拖动创建全剖视图

图 6-30　全剖视图的创建

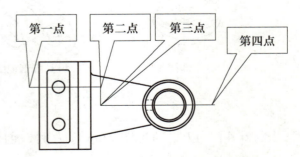
a) 旋转剖剖切面的指定　　　　　　　b) 阶梯剖剖切面的指定

图 6-31　旋转剖与阶梯剖的剖切面

5. 局部视图

Inventor 2023 中的局部视图即局部放大图，它将零部件的部分结构用大于原图形所采用的比例绘出，以更好地表达零部件上尺寸相对较小的结构，如图 6-32 所示。

【例 6-5】　以"局部视图.idw"为例，创建局部视图。

操作方法：

1）打开工程图文件"剖视图.idw"。

2）单击工具面板"放置视图"选项卡中的"局部视图"按钮，在图形区中选中创建局部视图的俯视图，并在打开的"局部视图"对话框中进行相应的设置。例如，将"视图标识符"由默认的"A"改为"I"，将"镂空形状"由默认的锯齿过渡改为平滑过渡，然后在图形区中的适当位置通过两次单击分别确定放大区域的圆心及半径，继续移动鼠标并在图纸空白处单击，确定局视图的位置，完成局部视图的创建，如图 6-33 所示。

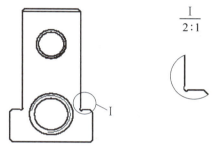

图 6-32　用局部视图表达尺寸相对较小的结构

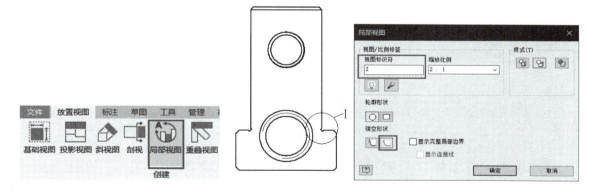

a）选择"局部视图"按钮　　　　b）设置"局部视图"对话框并指定放大区域的范围

图 6-33　局部视图的创建

6. 重叠视图

重叠视图主要用于将部件的不同位置状态在同一视图中表达。如图 6-34 所示，蝴蝶阀可简单地分为阀门关闭与阀门打开两种状态。两种状态下相关的零部件的位置有所不同，可利用重叠视图工具，将这两种状态下不同位置的零部件在同一视图中予以表达。

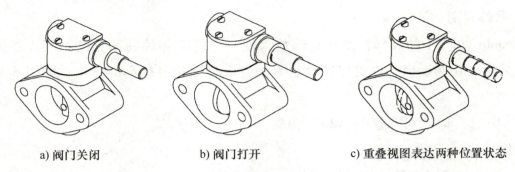

a) 阀门关闭　　　　　　b) 阀门打开　　　　c) 重叠视图表达两种位置状态

图 6-34　用重叠视图表达不同位置状态的零部件

应注意：用于创建重叠视图的部件必须在部件环境中预先定义其位置视图。

【例 6-6】　以"重叠视图 . idw"为例，创建重叠视图。

操作方法：

1）打开工程图文件"剖视图 . idw"。

2）单击工具面板"放置视图"选项卡中的"基础视图"按钮，按照图 6-35 所示的视角及配置创建蝴蝶阀的基础视图。

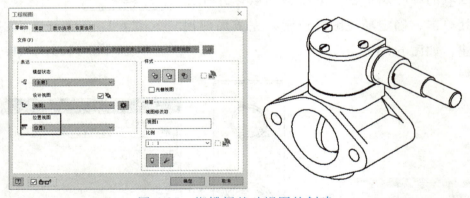

图 6-35　蝴蝶阀基础视图的创建

3）单击工具面板"放置视图"选项卡中的"重叠视图"按钮，在图形区中将创建的基础视图选中，打开"工程视图"对话框，将对话框中的"位置视图"选为"位置 2"并单击"确定"按钮完成配置，即可完成重叠视图的创建，如图 6-36 所示。

7. 断裂画法

断裂画法可通过删除较长零部件中结构相同部分的某一段，使其符合工程图的大小，如图 6-37 所示。

采用断裂画法绘制的视图，尽管图上的尺寸有所变化，但其尺寸信息仍与断裂前一致。

a) "重叠视图" 按钮

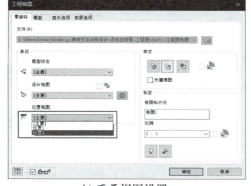

b) 重叠视图设置

c) 创建完成的重叠视图

图 6-36　蝴蝶阀重叠视图的创建

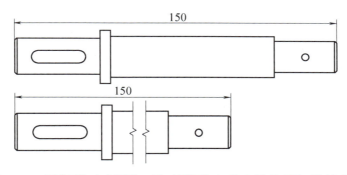

图 6-37　用断裂画法删除不相关部分以减少较长零部件的大小

【例 6-7】　以 "断裂画法 .idw" 为例，创建断裂视图。

操作方法：

1）打开工程图文件 "断裂画法 .idw"。

2）单击工具面板 "放置视图" 选项卡中的 "断裂画法" 按钮，如图 6-38a 所示，在图形区中单击，将待应用断裂法的图选中，弹出 "断开" 对话框，可在该对话框中选择断面的样式、方向及显示方式等，如图 6-38b 所示（不要单击 "确定" 按钮），然后将鼠标移至待应用断裂画法的视图上，单击两次分别指定断裂的起点与终点，如图 6-38c 所示，即可完成断裂视图的创建。

注意：断裂画法应用前后的尺寸显示，它说明断裂法的应用仅更改了零部件在工程图上的表达方式，而没有对零部件的尺寸产生影响。

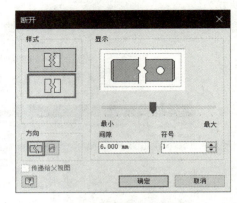

a)"断裂画法"按钮　　　　　　　b)"断开"对话框

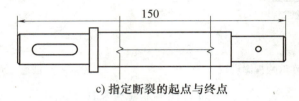

c)指定断裂的起点与终点

图 6-38　断裂视图的创建

8. 局部剖视图

　　局部剖视图是指用剖切面局部剖开零部件所得到的视图,用于表达指定区域的内部结构,如图 6-39 所示。

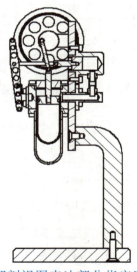

图 6-39　用局部剖视图表达部分指定区域的内部结构

【例 6-8】　以"局部剖视图.idw"为例,创建局部剖视图。

操作方法:

1)打开工程图文件"局部剖视图.idw"。该文件中,左侧已经完成了局部剖视图的创建可供参考。

2）单击选中右上角的视图（视图周围出现虚线边框表示被选中），单击工具面板"放置视图"选项卡中的"草图视图"按钮，如图 6-40a 所示，创建与被选中视图相关联的草图，用"样条曲线"工具绘制如图 6-40b 所示的轮廓作为局部剖视图的剖切范围，绘制完成后单击"完成草图"按钮。

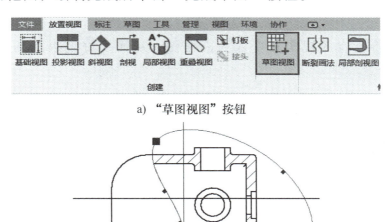

a)"草图视图"按钮

b) 画草图

图 6-40 剖切范围的指定

3）单击工具面板"放置视图"选项卡中的"局部剖视图"按钮，如图 6-41a

a)"局部剖视图"按钮

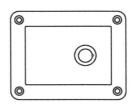

b)"局部剖视图"对话框   c) 指定剖切深度点

图 6-41 局部剖视图的创建

所示。在图形区中选择右上角的视图，打开"局部剖视图"对话框，如图 6-41b 所示。由于步骤 2）中绘制了一个用于指定剖切范围的草图，故 Inventor 2023 自动将其选中作为截面轮廓（剖切范围）。接下来指定剖切的深度，选择默认的"自点"方式，并通过在右下角的视图中选取两点来指定其深度，如图 6-41c 所示，单击"局部剖视图"对话框中的"确定"按钮，完成局部剖视图的创建。

9. 断面图

断面图可将已有的视图转变成为断面图，从而更好地表达切面的形状，如图 6-42 所示。

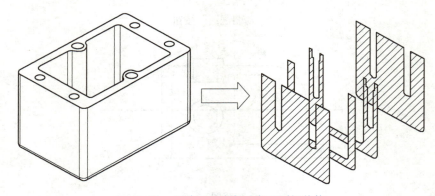

图 6-42　用断面图表达切面的形状

【例 6-9】　以"断面图.idw"为例，创建断面图。

操作方法：

1）打开工程图文件"局部剖视图.idw"。

2）单击选中左下角的视图，单击工具面板"放置视图"选项卡中的"草图视图"按钮，创建与被选中视图相关联的草图，用"直线"工具绘制如图 6-43 所示的轮廓指定切面所在的位置（草图绘制中为确保轮廓通过孔心，使用"投影几何图元"工具），绘制完成后单击"完成草图"按钮。

3）单击工具面板"放置视图"选项卡中的"断面图"按钮，如图 6-44a 所示。在图形区中选择相应视图，打开"断面图"对话框，

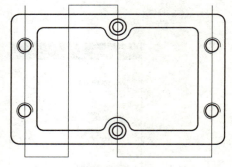

图 6-43　指定切面位置

如图 6-44b 所示，单击草图选择器选择用于指定切面的位置草图，这里选择步骤 2）中绘制的草图，选中后单击对话框中的"确定"按钮，即可完成断面图的创建。

a)"断面图"按钮　　　　　　　　　　　　b)"断面图"对话框

图 6-44　断面图的创建

6.3　工程图标注

6.3.1　工程图尺寸

工程图的尺寸可通过"模型尺寸"与"工程图尺寸"两种方式标注。模型尺寸是控制零件特征大小的尺寸,即零件建模时在创建草图和添加特征的过程中所应用的尺寸。

工程图尺寸是设计人员为更好地表达设计思想而在工程图中标注的尺寸,其中模型尺寸可与零件模型相互驱动,即无论是在零件环境中更改草图和特征的尺寸,还是在工程图环境中更改工程图上的尺寸,两者会相互驱动保持一致;而工程图尺寸仅起到反应零部件当前状态的作用,即当零件模型的尺寸发生变化时,工程图尺寸会对这种变化做出反应。但更改工程图尺寸的值,不会影响到原有的零部件模型。

1. 模型尺寸检索

使用模型尺寸检索可以显示与视图平行的模型尺寸,可通过以下两种方法获取模型尺寸:

(1)通过更改"应用程序选项"中的设置获取模型尺寸　单击工具面板"工具"选项卡中的"应用程序选项"按钮,打开"应用程序选项"对话框,选择该对话框中的"工程图"选项卡并勾选"放置视图时检索所有模型尺寸"选项,如图 6-45a 所示,便可在创建视图时自动显示所有与视图平行的模型尺寸,如图 6-45b 所示。

(2)通过检索获取已有视图的模型尺寸　单击工具面板"标注"选项卡中的

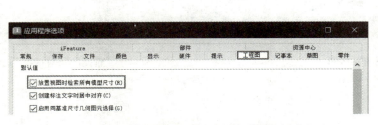

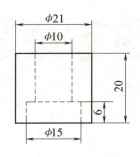

a) 勾选"放置视图时检索所有模型尺寸"选项

b) 自动显示尺寸

图 6-45　通过更改"应用程序选项"获取模型尺寸

"检索模型标注"按钮，打开"检索模型标注"对话框，先选中待检索尺寸的视图，然后对尺寸来源做进一步选择。

选择"选择特征"的方式，可对视图以特征为单位进行尺寸检索；选择"选择零件"的方式，可对视图以零件为单位进行尺寸检索。完成尺寸来源选择后，图中将自动显示所有与视图平行的模型尺寸，单击对话框中的"确认"按钮，完成该视图的模型尺寸检索，如图 6-46 所示。

a)"检索模型标注"按钮

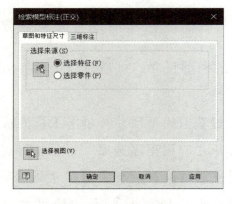

b)"检索模型标注"对话框

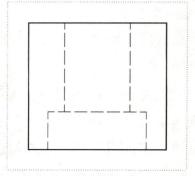

c) 选中待检索尺寸的视图

图 6-46　通过检索获取已有视图的尺寸

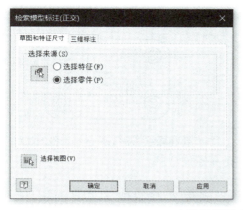
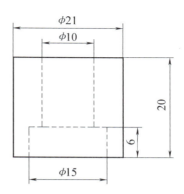

d) 选择视图中的尺寸来源

图 6-46　通过检索获取已有视图的尺寸（续）

2. 工程图尺寸标注

工程图尺寸由用户自行添加，可作为对模型尺寸不完整标注或不规范标注的补充。工程图尺寸仅仅是对模型当前状态的描述，当模型尺寸发生变化时，工程图尺寸会发生相应的变化，但对工程图尺寸做出的修改，则不会对模型产生影响。添加工程图尺寸的工具有通用尺寸、孔和螺纹注释、倒角注释等。

（1）通用尺寸　标注通用尺寸的"尺寸"按钮位于工具面板的"标注"选项卡中，如图 6-47a 所示。通用尺寸工具可用于标注线性尺寸、圆形尺寸、角度尺寸等，如图 6-47b 所示。通用尺寸工具的使用方法与草图环境中添加尺寸约束的方法相类似。

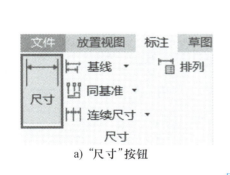
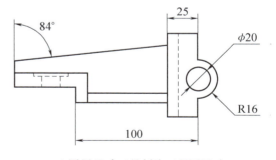

a) "尺寸"按钮　　　　　　　b) 通用尺寸工具创建工程图尺寸

图 6-47　通用尺寸

（2）孔和螺纹注释　对孔和螺纹进行注释的"孔和螺纹"按钮位于工具面板的"标注"选项卡中，如图 6-48a 所示。使用时，首先单击该按钮，然后选中需要标注的孔或螺纹特征，再将鼠标拖至适当的位置单击，即可完成孔和螺纹的注释，如图 6-48b 所示。

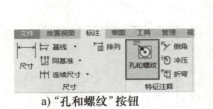

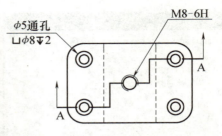

a)"孔和螺纹"按钮　　b)孔和螺纹注释工具创建工程图注释

图 6-48　孔和螺纹注释

（3）倒角注释　对倒角进行注释的"倒角"按钮位于工具面板的"标注"选项卡中，如图 6-49a 所示。使用时，首先单击该按钮，然后选择倒角的两边，再将鼠标拖至适当的位置单击，即可完成倒角的注释，如图 6-49b 所示。

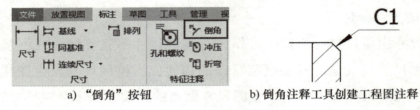

a)"倒角"按钮　　b)倒角注释工具创建工程图注释

图 6-49　倒角注释

3. 尺寸的编辑

（1）移动与删除尺寸　若需调整视图中尺寸的位置，可在待移动的尺寸（图 6-50 中尺寸 φ15）上按住鼠标左键，将尺寸拖动至合适的位置后再松开，完成尺寸在同一视图中的位置调整，如图 6-50 所示。若需将某一尺寸由当前视图移动至其他视图，可将其选中并右击，选择右键菜单中的"排列尺寸"选项，然后选择另一个视图作为该尺寸移动的目的地，如图 6-51 所示。

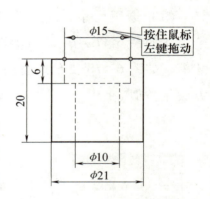

图 6-50　调整尺寸位置

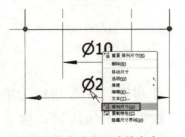

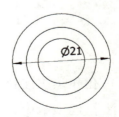

a)选中待移动的尺寸并右击　　b)选择目标视图　　c)完成尺寸转移

图 6-51　移动尺寸至其他视图

若需删除某一尺寸，可将其选中并右击，选择右键菜单中的删除即可，如图 6-52 所示。

（2）修改尺寸的值　若需修改尺寸的值，可选中尺寸右击菜单中的"文本"选项，如图 6-53a 所示，打开"编辑尺寸"对话框中的文本选项卡，如图 6-53b 所示，对已经标注的尺寸进行编辑，如增加文本或改变字体等。使用这种方法不能删除模型尺寸的数值。

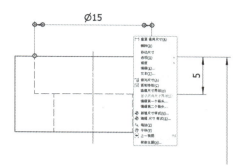

图 6-52　删除尺寸

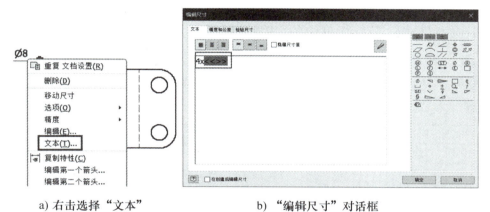

a) 右击选择"文本"　　　　　　b) "编辑尺寸"对话框

图 6-53　使用"文本"编辑尺寸

选中尺寸右击菜单中的"编辑"选项，如图 6-54a 所示，打开"编辑尺寸"对话框，如图 6-54b 所示，对已经标注的尺寸进行编辑。通过该对话框的"文本"选项卡可在模型尺寸前后增加文本或隐藏模型尺寸的数值，将其替换成新的文本，如图 6-54c 所示。通过该对话框的"精度和公差"选项卡可以给模型尺寸增加精度与公差信息，如图 6-54d 所示。

a) 右击选择"编辑"　　　　　　b) "编辑尺寸"对话框

图 6-54　使用"编辑"编辑尺寸

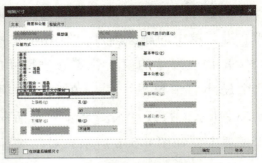

c)"文本"选项卡 d)"精度和公差"选项卡

图 6-54　使用"编辑"编辑尺寸（续）

　　选中模型尺寸后右击菜单中的"编辑模型尺寸"选项，如图 6-55a 所示，在"编辑尺寸"对话框中输入新的数值，如图 6-55b 所示，便可通过工程图驱动原有的零件模型，使该尺寸在工程图与零件模型中均发生变化，如图 6-55c 所示。

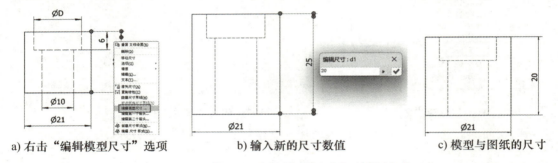

a) 右击"编辑模型尺寸"选项　　b) 输入新的尺寸数值　　c) 模型与图纸的尺寸

图 6-55　使用"编辑模型尺寸"编辑尺寸

6.3.2　工程图注释

1. 中心标记与中心线

Inventor 2023 提供自动和手动两种方式为零部件工程图添加中心线。

（1）自动添加中心线　首先，选中待添加中心线的视图并右击菜单中的"自动中心线"选项，打开"自动中心线"对话框，如图 6-56a 和图 6-56b 所示。可在该对话框中应用选择自动中心线、中心标记的对象和投影方向；也可通过指定"半径阈值"进一步选择对某一特征中的对象应用自动中心线或中心标记。

　　例如，将圆角半径值的最小值、最大值分别指定为 3mm、10mm 后，自动中心线将排除此范围之外的对象而仅对这范围的圆角特征添加中心线。

　　完成对话框中相应的设置后单击"确定"按钮，便可完成自动中心线与中心标记的绘制，如图 6-56c 所示。若自动中心线的长度不符合要求，可通过拖动相

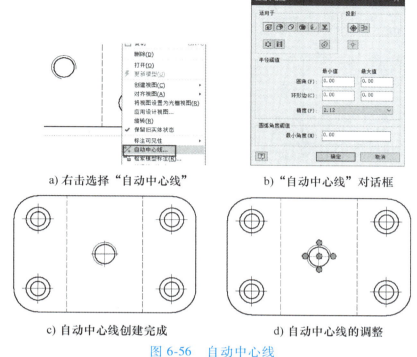

a) 右击选择"自动中心线"　　　b) "自动中心线"对话框

c) 自动中心线创建完成　　　d) 自动中心线的调整

图 6-56　自动中心线

应的控制点进行调整，如图 6-56d 所示。

（2）手动添加中心线　可通过工具面板"标注"选项卡中的"中心线""对分中心线""中心标记"与"中心阵列"四个按钮手动创建中心线或中心标记，如图 6-57 所示。

图 6-57　手动添加中心线与中心标记图标按钮

1）中心线 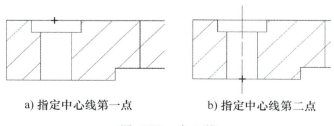：常用于添加回转体轴线与孔的中心线。使用时，首先单击该按钮，然后依次指定两个点，即可完成中心线的创建，如图 6-58 所示。

a) 指定中心线第一点　　　b) 指定中心线第二点

图 6-58　中心线

2）对分中心线 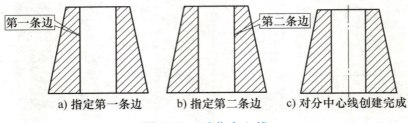：用于创建两条边的对分中心线。使用时，首先单击该按钮，然后依次指定两条边，即可完成对分中心线的创建，如图 6-59 所示。

a) 指定第一条边   b) 指定第二条边   c) 对分中心线创建完成

图 6-59   对分中心线

3）中心标记 ✛：用于创建选定的圆弧或圆的中心标记。使用时，首先单击该按钮，然后选择圆弧或圆，即可完成中心标记的创建，如图 6-60 所示。

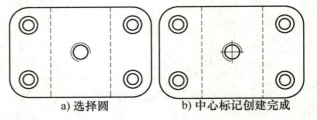

a) 选择圆   b) 中心标记创建完成

图 6-60   中心标记

4）中心阵列：用于创建特征阵列的环形中心线。使用时，首先单击该按钮，指定阵列中心，然后选择阵列后的对象，右击后选择"创建"按钮，可拖动中心线端点调整其长度，完成环形阵列特征中心线的创建，如图 6-61 所示。

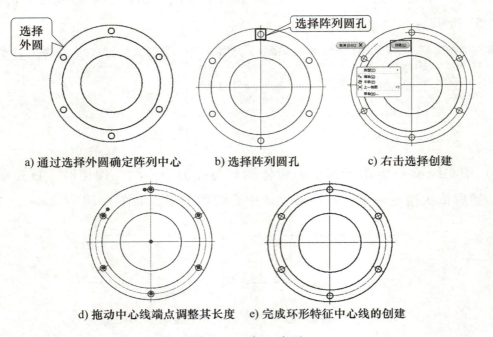

a) 通过选择外圆确定阵列中心   b) 选择阵列圆孔   c) 右击选择创建

d) 拖动中心线端点调整其长度   e) 完成环形特征中心线的创建

图 6-61   中心阵列

2. 常用符号

在 Inventor 2023 工程图中，可标注表面粗糙度、形位公差焊接等常用符号，如图 6-62 所示。

（1）表面粗糙度　表面粗糙度用于描述机械零件的表面结构，是指加工表面具有的较小间距和微小峰谷不平度。标注表面粗糙度时，首先单击 √ "粗糙度"按钮并选择待标注的几何要素。若需要引出标注，可继续单击添加控制点；若不需要引出，可右击并选择"继续"。然后在打开的

图 6-62　常用符号

"表面粗糙度"对话框中完成相应的设置并在输入相应的内容后单击"确定"按钮，即可完成表面粗糙度符号的标注，如图 6-63 所示。

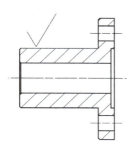

a) 选择待标注的几何要素

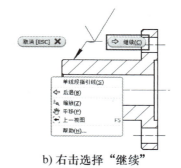

b) 右击选择"继续"

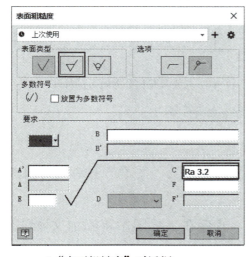

c) "表面粗糙度"对话框

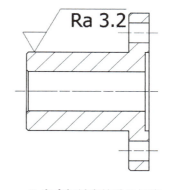

d) 完成粗糙度符号的标注

图 6-63　表面粗糙度

（2）几何公差与基准标识符号　构成零件几何特征的点、线、面的实际形状或相互位置与理想几何体规定的形状或相互位置，不可避免地存在差异，这种形状上的差异与相互位置的差异统称为几何公差。

标注几何公差符号时，首先单击 ⊕1 "形位公差符号"按钮并选择待标注的几何要素，然后单击添加指引线控制点以确定指引线与形位公差符号的位置，位置确定后右击，单击"继续"按钮，在打开的"形位公差符号"对话框中完成相应的设置并输入相应的内容后点击"确定"按钮，即可完成几何公差符号的标注，如图 6-64 所示。

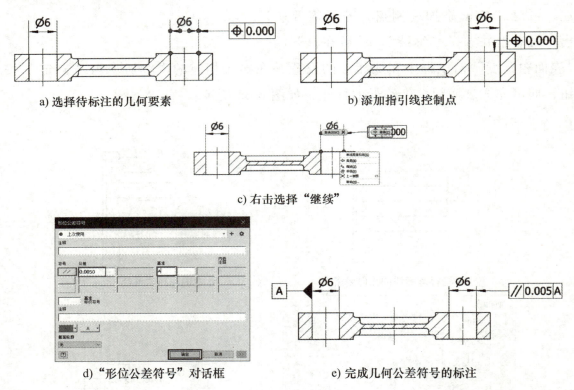

a) 选择待标注的几何要素　　　　b) 添加指引线控制点

c) 右击选择"继续"

d) "形位公差符号"对话框　　　e) 完成几何公差符号的标注

图 6-64　形位公差符号

3. 文本

文本工具常用来填写标题栏、书写技术要求。"文本"按钮位于工具面板的"标注"选项卡中。

使用时，首先单击该"文本"按钮，然后在工程图中待添加文本的位置单击并拖动，指定文本的位置与范围。接下来在打开的"文本格式"对话框中输入文本，同时可以进行选择字体、字号及对齐方式等操作，完成后单击"确定"按钮，即可完成工程图中文本的插入，如图 6-65 所示。

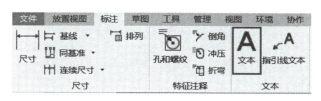

a) 单击"文本"按钮　　　　　　　　　　b) 指定文本的位置与范围

c)"文本格式"对话框

图 6-65　文本

4. 指引线文本

指引线文本可用来创建带有指引线的注释。"指引线文本"按钮位于工具面板的"标注"选项卡中。使用时，首先单击"指引线文本"按钮，接下来单击指定指引线的箭头（或其他符号）所在的位置，继续单击可添加指引线的控制点。控制点添加完成后右击，单击"继续"按钮，在打开的"文本格式"对话框中输入指引线文本的内容，同时可以进行选择字体、字号及对齐方式等操作，完成后单击"确定"按钮，即可完成指引线文本的插入。插入后可将其选中并右击，选择"编辑箭头"选项调整指引线起点的样式，如图 6-66 所示。

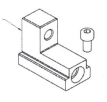

a) 单击"指引线文本"按钮　　　b) 指定起点　　　c) 指定控制点

图 6-66　指引线文本

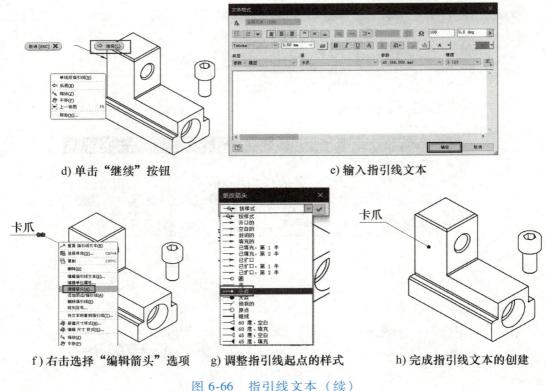

d) 单击"继续"按钮　　　　　　　　　　　e) 输入指引线文本

f) 右击选择"编辑箭头"选项　　g) 调整指引线起点的样式　　h) 完成指引线文本的创建

图 6-66　指引线文本（续）

6.3.3　引出序号与明细栏

1. 引出序号

添加引出序号前，应首先通过"样式和标准编辑器"设置其样式。

（1）引出序号的样式设置　打开"样式和标准编辑器"对话框，展开左边浏览器中的"指引线"并激活其下的"基准"，将终止方式下的箭头选为"小点"，如图 6-67 所示，单击"保存"按钮，关闭对话框。

（2）引出序号的添加　引出序号可通过手动和自动两种方式添加。

1）手动方式添加引出序号。首先单击工具面板"标注"选项卡中的"引出序号"图标按钮。

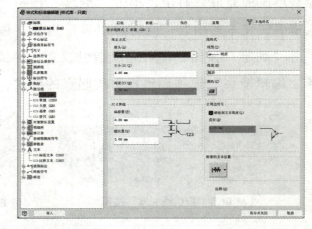

图 6-67　引出序号的样式设置

将鼠标移到工程图中待添加序号的零部件上，鼠标箭头所在位置的零部件会变为红色，单击将其选中。打开"BOM 表特性"对话框，将"BOM 表视图"选为"装配结构"，单击"确定"按钮，引出序号便会随鼠标出现在工程图中。单击可添加引出序号引出线的控制点，控制点添加完成后右击，单击"继续"按钮，即可完成选中零件引出序号的添加，如图 6-68 所示。

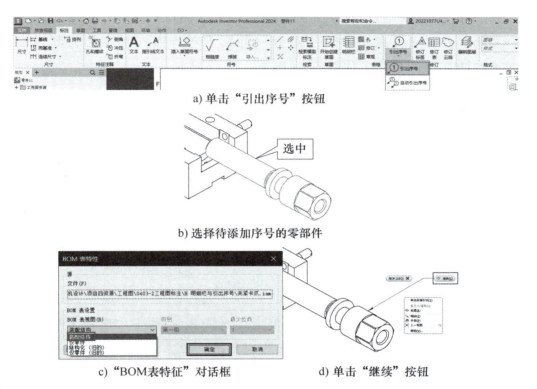

a) 单击"引出序号"按钮

b) 选择待添加序号的零部件

c)"BOM表特征"对话框　　　　d) 单击"继续"按钮

图 6-68　手动添加引出序号

拖动引出序号的起点可将起点位置指定在零件的内部，且起点的箭头将自动调整为小圆点，如图 6-69 所示。

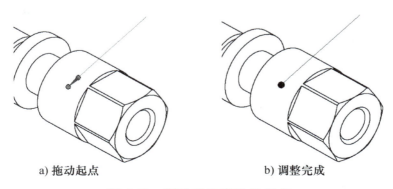

a) 拖动起点　　　　　　b) 调整完成

图 6-69　调整引出序号的起点

在图 6-68c 所示的"BOM 表特性"对话框中,"BOM 表视图"下拉菜单中包括"装配结构""仅零件""结构化(旧的)"和"仅零件(旧的)"四个选项。其中,"装配结构"表示引出序号与明细栏信息中包括部件文件中的所有子部件与零件文件;"仅零件"表示引出序号与明细栏信息中仅包括件文件中的零件文件而不包括子部件。

手动引出序号会出现位置不齐的现象,为解决这一问题,可将待对齐的序号选中并右击,选择右键菜单中的"对齐"并指定对齐方式(本例为竖直方式),即可完成引出序号的对齐,如图 6-70 所示。

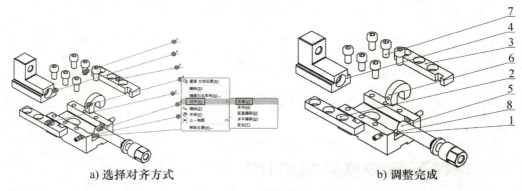

a) 选择对齐方式　　　　　　　　b) 调整完成

图 6-70　对齐零件序号

2)自动方式添加引出序号。首先单击工具面板"标注"选项卡中的"自动引出序号"按钮,打开"自动引出序号"对话框,单击"选择视图集"前的按钮并在工程图中选择待添加引出序号的视图。接下来激活"添加或删除零部件"前的按钮并在选中的视图中选择待添加引出序号的零部件。然后选择引出序号的放置方式(环形、水平、竖直)并设定间距,单击"确定"按钮,完成引出序号的自动添加,如图 6-71 所示。拖动自动引出序号上相应的控制点,可调整其位置。

a) 单击"自动引出序号"按钮　　　b)"自动引出序号"对话框

图 6-71　自动引出序号

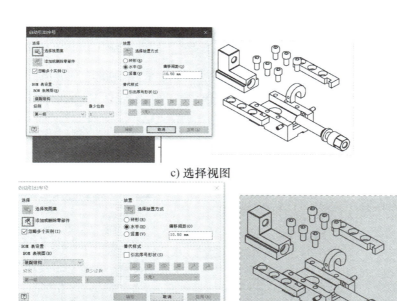

c) 选择视图

d) 选择视图中的零部件(可框选)

e) 定义引出序号的放置方式

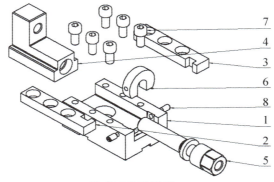

f) 完成自动放置

图 6-71　自动引出序号（续）

　　无论是通过手动方式还是自动方式添加的引出序号，一般都会存在重新编制序号的需要，使序号在尽量不交叉的前提下呈逆时针或顺时针顺序排布。若需重新编制序号，首先选中待重新编制的序号并右击菜单中的"编辑引出序号"选项，在打开的"编辑引出序号"对话框中更改"引出序号的值"即可，如图6-72所示。请注意，"序号"和"替代"的值均可做出修改，但更改"序号"的值其结果能够与明细表相关联，而"替代"则不能。

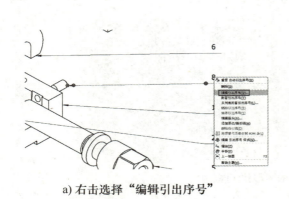

a) 右击选择"编辑引出序号"　　　　　　　　　　　b) 调整序号

图 6-72　引出序号的重新编辑

2. 明细栏

　　（1）零件信息的编辑　　如果需要让 Inventor 2023 自动生成明细栏并将明细栏中的信息同零部件文件相关联，首先应对图纸中各零部件的信息进行编辑。

　　打开图纸中所涉及的零件文件，单击左上角的 🗎 "文件"选项卡并选择"iProperty"选项。在打开的"iProperty"对话框中对零件的特性进行编辑。例如，可通过该对话框的"物理特性"选项卡指定零件材料，通过"项目"选项卡输入"零件代号""设计人"等信息，如图6-73所示。

　　编辑零件信息应在创建零件文件时完成，因为数字化模型不仅包含零件的形状、尺寸信息，还应包含零件的材料、工艺等多方面信息。

　　（2）明细栏的内容与样式设置　　Inventor 2023 提供的 GB 明细栏与国家标准的规定并不完全相同。因此，创建明细栏前，应对其内容和样式做出修改。

　　打开待创建明细栏的工程图文件，单击工具面板"管理"选项卡中的"样式编辑器"按钮，打开"样式和标准编辑器"对话框，如图6-74a所示，展开左边浏览器中的"明细栏"并将其下的"明细栏（GB）"激活，对其内容和样式做出

a) "iProperty" 选项   b) "iProperty" 对话框

图 6-73   零件信息的编辑

修改。首先去掉"标题"前的勾选符号，然后单击"列选择器"按钮打开"明细栏列选择器"对话框并选择明细栏中的所需内容，如图 6-74b 所示。在"样式和标准编辑器"对话框中，通过"列选择器"下方的表格更改各列的名称与列宽，如图 6-74c 所示，保存对明细栏的更改并关闭对话框。

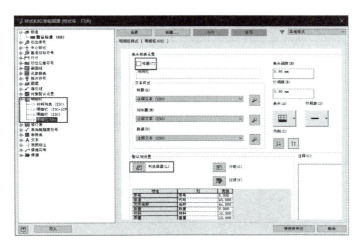

a) 激活"明细栏(GB)"

图 6-74   明细栏的内容与样式设置

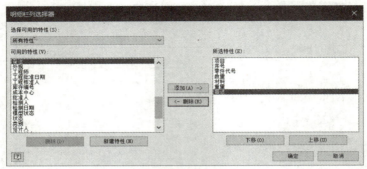

b) 选择明细栏的内容

c) 修改列的标题与宽度

图 6-74　明细栏的内容与样式设置（续）

（3）明细栏的创建　单击工具面板"标注"选项卡中的"明细栏"按钮，打开"明细栏"话框，单击"选择视图"，在工程图中选择待创建明细栏的零部件，单击"确定"按钮，明细栏会跟随鼠标进入图纸中，将鼠标移至适当的位置，使明细栏与标题栏对齐，单击完成明细栏的创建，如图 6-75 所示。

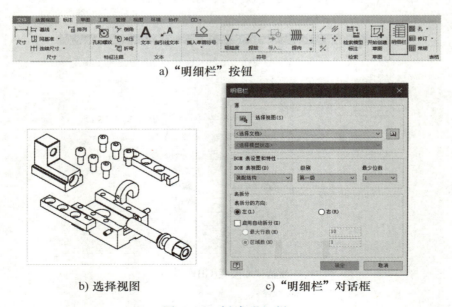

a)"明细栏"按钮

b) 选择视图　　　　　　c)"明细栏"对话框

图 6-75　创建明细栏

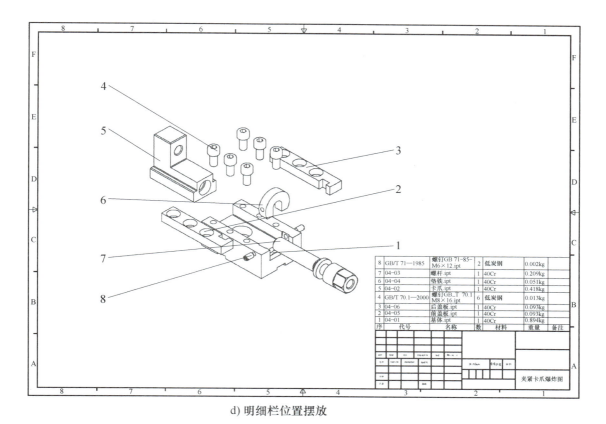

d) 明细栏位置摆放

图 6-75　创建明细栏（续）

　　选中明细栏并右击菜单中的"编辑明细栏"，可调整明细栏的内容、列宽等，同时还可对明细栏中的各项进行排序，以及更改明细栏中某项内容等操作。

第 7 章 参数化设计

参数化设计具有数据相关和相互驱动的特点，在支持关联设计的同时更有助于提升设计效率。本章介绍 iPart、iFeature 和衍生零部件三种用以提高零件设计效率的参数化设计工具。

7.1　iPart

实际设计中往往需要开发企业标准件库。图 7-1 所示为不同规格的螺母，螺母尺寸均可由 m、s、D 确定，改变 m、s、D 的大小可生成形状相同而尺寸不同的螺母。

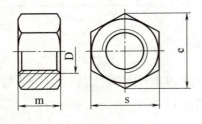

规格	s/mm	m/mm
M8×1.25	13	7.9
M10×1.25	16	9.5
M12×1.25	18	12.2
M14×1.25	24	15.9
M20×1.5	30	18.7

图 7-1　不同规格尺寸的螺母

使用 iPart 开发标准件库时，应首先设置尺寸间的关联关系或结构尺寸系列，然后使用 iPart 工具指定关键参数，并通过输入不同的参数值由原先的一个零件生成形状相同而尺寸不同的一组零件。

1. 创建螺母模型

在 XY 平面绘制螺母草图，如图 7-2 所示。完成草图后输入拉伸距离 7.9mm，双向拉伸草图，生成螺母主体的三维造型，如图 7-3 所示。在 YZ 平面绘制草图，如图 7-4 所示。进行螺母上下两部分的实体布尔减运算，生成三维造型，如图 7-5 所示。

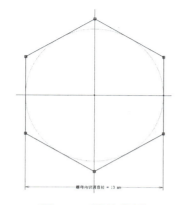

图 7-2　螺母草图

图 7-3　螺母主体的三维造型

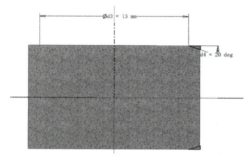

图 7-4　螺母实体布尔减运算草图

图 7-5　螺母实体布尔减运算后的三维造型

在螺母上表面添加孔特征，设置螺纹孔参数（图 7-6），完成螺纹孔上下两面的倒角特征（图 7-7）。

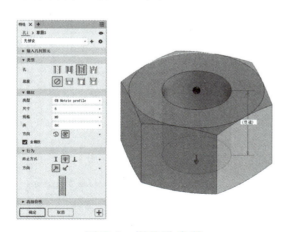

图 7-6　螺纹孔参数

图 7-7　螺纹孔倒角特征

2. iPart 创建螺母零件族

单击"管理"选项卡编写区域的"创建 iPart"按钮，如图 7-8 所示，打开

"iPart 编写器"对话框，将各规格螺母参数双击导入到 iPart 编写器的文本框中，如图 7-9 所示。

图 7-8 "创建 iPart" 按钮

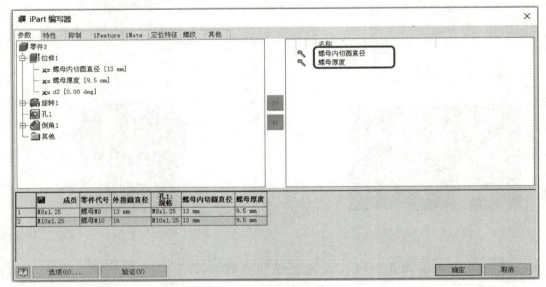

a) 双击螺母规格参数

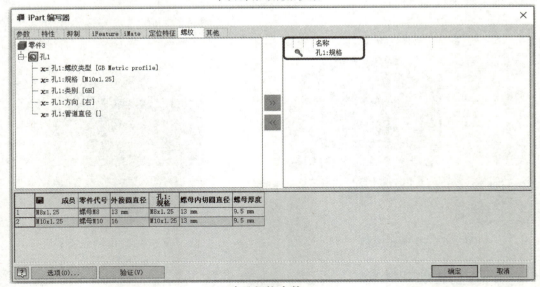

b) 双击孔规格参数

图 7-9 iPart 编写器设置

　　在"iPart 编写器"对话框下方表格中右击,"插入行"选项,即新增零件族成员如图 7-10a 所示。更改各规格螺母成员的信息,包括名称、代号及关键尺寸的值,如图 7-10b 所示,完成后单击"确定"按钮。

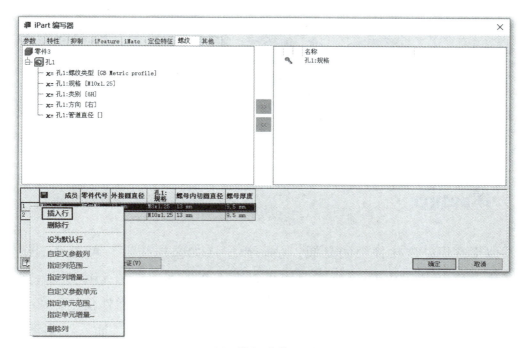

a) 选择"插入行"选项

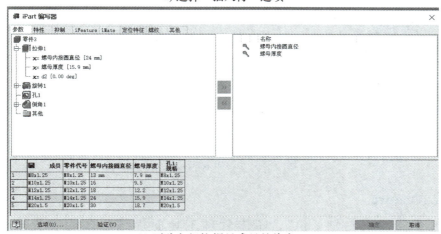

b) 更改各规格螺母成员的信息

图 7-10　填写 iPart 编写器

　　完成以上步骤,此时零件浏览器中出现"表格"选项,且零件图标前也出现表格,表明当前零件是由表格驱动的 iPart 零件。选择不同的名称可查看对应尺寸的螺母模型,如图 7-11 所示。

图 7-11　表格驱动的螺母模型

7.2　iFeature

　　类似于常规办公软件中的复制、粘贴操作（如文档编辑）可提高工作效率，在数字化设计中，应用 iFeature 工具也可提高工作效率。如图 7-12 所示，两个零件中均有键槽特征，可将前一个零件的键槽提取，供下一个零件使用。iFeature 工具用于通过提取特征后再以插入的方式将前一个零件的特征"插入"到下一个零件，以减少重复的设计工作。

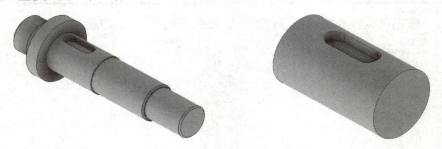

图 7-12　iFeature 示例

1. 提取 iFeature

　　1）打开文件"蜗轮轴.ipt"，单击管理工具面板编写区的"提取 iFeature"按钮，如图 7-13 所示。打开"iFeature"对话框。

图 7-13　"提取 iFeature"按钮

2）单击图形区模型中的键槽特征，系统将自动提取该特征的相关尺寸参数和定义基准，单击"保存"按钮，如图 7-14 所示。

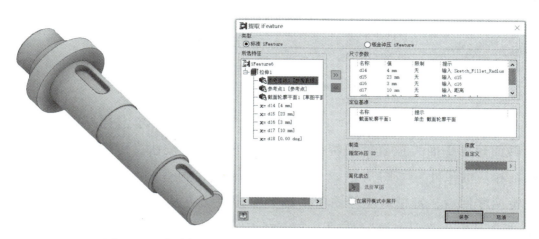

图 7-14 自动提取键槽特征的相关尺寸参数和定义基准

3）输入此次提取的特征名称为"iFeature 键槽 .ide"并保存，关闭零件"蜗轮轴 .ipt"，如图 7-15 所示。

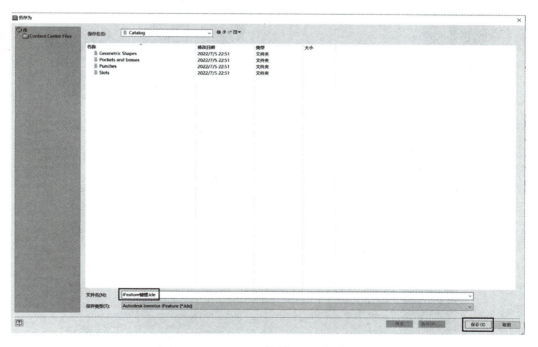

图 7-15 iFeature 键槽 .ide 保存界面

2. 插入 iFeature

1）打开文件"轴 .ipt"，单击"管理"选项卡插入区"插入 iFeature"按钮，如图 7-16 所示，打开"插入 iFeature"对话框。

图 7-16 "插入 iFeature" 按钮

2）打开前一步骤保存的"iFeature 键槽.ide"文件，单击选择轴中的工作平面（截面轮廓平面）放置键槽特征，单击"下一步"按钮。可通过对话框调整键槽特征相应的尺寸，如图 7-17 所示。若无需调整，则直接单击"下一步"按钮。由于更换零件后，键槽对应草图中的部分参照丢失，从而造成无法准确定位，故选中"立即激活草图编辑"选项，在完成 iFeature 插入后进一步完善草图中的定位参照。

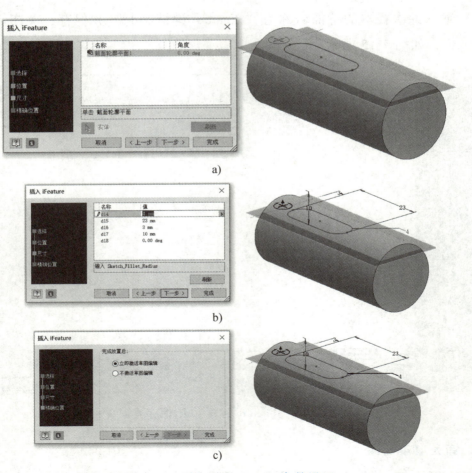

图 7-17 "插入 iFeature" 参数设置

3）重新定位，完成特征。对轴端面作投影并添加约束，将图 7-18 所示草图 1 更改至草图 2 的全约束状态，为轴键槽特征准确定位。

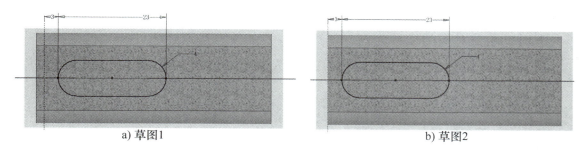

a) 草图1　　　　　　　　　　　　　　　b) 草图2

图 7-18　草图全约束

4）退出草图，关闭工作平面可见性，保存文件，完成插入 iFeature 操作，如图 7-19 所示。

图 7-19　完成插入 iFeature 操作

7.3　衍生零部件

设计中常遇到如图 7-20 所示的情况。在已经完成了端盖模型的情况下，需要在坯料的基础上创建用于制造这一端盖的模具。若直接在坯料中重复以"求差"方式创建端盖模型，虽可完成模具设计，但增加了重复的工作，且这种方式的关联设计性差，一旦端盖发生设计变更，则需对模具也进行相应的调整。衍生零部件则可通过零件间的布尔运算创建新的零件，如通过在坯料造型中"求差"（减

图 7-20　衍生零部件

去端盖造型）的方式完成模具造型。需注意的是，衍生零部件不同于衍生式设计，衍生零部件的是传统三维数字样机技术中的工具，是通过零件间的布尔运算完成零部件造型的。

下面以端盖对应的模具为例，使用衍生零部件方法创建零件。

1）新建部件文件，先装入坯料，再装入端盖，如图 7-21 所示。

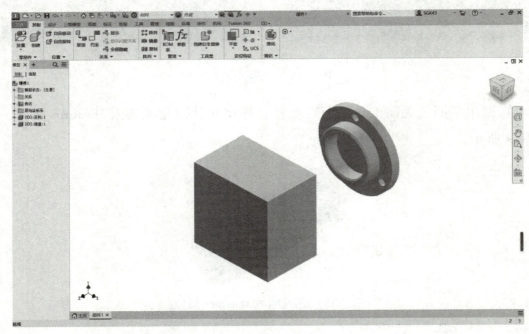

图 7-21　部件装配

2）通过"刚性"类型连接关系指定两者间的相对位置关系，如图 7-22 所示，保存部件为"端盖模具设计 . iam"。

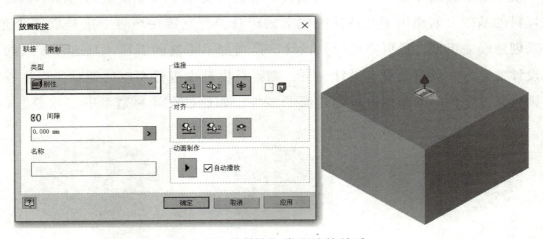

图 7-22　"刚性"类型连接关系

3）新建零件文件，单击"管理"插入区域的"衍生"按钮。打开上一步所创建的部件文件"端盖模具设计.iam"，单击"打开"按钮，如图 7-23 所示，打开"衍生部件"对话框。

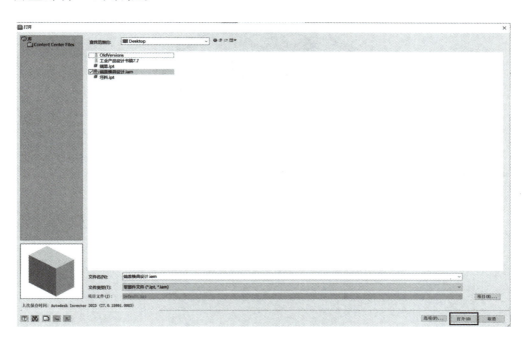

图 7-23　浏览并打开部件文件"端盖模具设计.iam"

4）在"衍生部件"对话框中，选择第一种衍生样式（实体合并消除平面间的接缝），并单击对话框中"端盖"前的状态图标，将其更改为红色状态（排除选定的零部件），单击"确定"按钮，如图 7-24 所示。

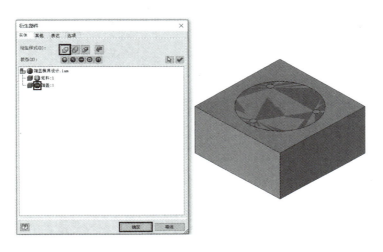

图 7-24　"衍生部件"对话框

5）衍生零部件将在坯料造型中"排除"端盖造型，从而完成模具造型，如图 7-25 所示，保存文件为"端盖模具 . ipt"。

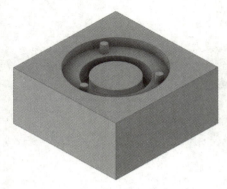

图 7-25　端盖模具造型

第8章 设计可视化

8.1 渲染图像

1. 进入"Inventor Studio"

在零件建模完成后，想要进行图像渲染，可以在功能区上，单击"环境"选项卡中开始面板上"Inventor Studio"按钮，如图 8-1 所示。

图 8-1 "Inventor Studio"按钮

2. 设置各选项卡参数

进入"Inventor Studio"后，单击"渲染图像"按钮，打开"渲染图像"对话框，可以设置"常规""输出""渲染器"选项卡参数，如图 8-2 所示。

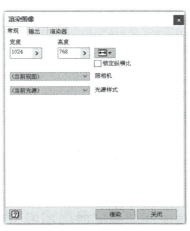

图 8-2 "渲染图像"对话框

设置完成后，单击"渲染"按钮，渲染进度将显示在单独的窗口中。

（1）"常规"选项卡

宽度和高度：指定渲染图像的宽度和高度。

选择输出尺寸：提供一个值列表，可以从中选择输出尺寸。

锁定纵横比：选中该选项后，将保持由当前图像宽度和高度定义的纵横比。

照相机：为激活文档指定照相机。未指定照相机时，默认为"当前视图"，"当前视图"使用视图照相机。

光源样式：提供一个光源样式列表，可以从中进行选择。如果无可用的光源样式，则使用造型环境中的光源样式来渲染图像，如图 8-3 所示。

（2）"输出"选项卡

保存渲染的图像：在"打开"对话框中，输入文件名，选择位置并选择文件类型，如图 8-4 所示。

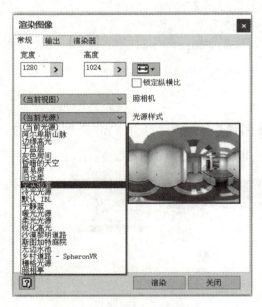

图 8-3　光源样式

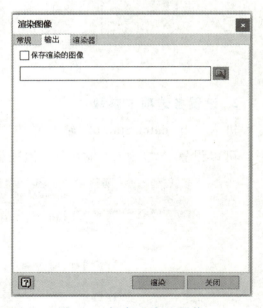

图 8-4　保存渲染的图像

在"保存"对话框中，单击"选项"按钮，如图 8-5 所示，打开"图像保存选项"对话框，如图 8-6 所示。可用的选项取决于选择的文件类型，在"保存"对话框中单击"保存"按钮，以保存设置并返回到"输出"选项卡。

（3）"渲染器"选项卡

渲染时间：设置渲染持续时间。特定时间间隔下的迭代次数（和产生的质量）取决于 CPU 速度，如图 8-7 所示。

图 8-5　"保存"对话框

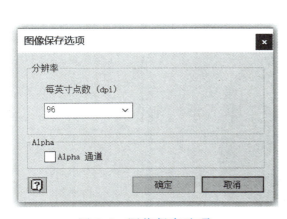

图 8-6　图像保存选项

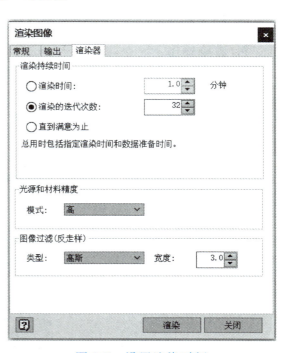

图 8-7　设置渲染时间

渲染的迭代次数：设置要运行的迭代次数。完成迭代次数需要的时间间隔取决于 CPU 速度。

　　直到满意为止：设置为无次数限制的渲染。可以手动停止渲染。

　　光源和材料精度：可以选择"高""草图视图"和"低"三种模式，不同的设置会影响渲染图像的质量，如图 8-8 所示。

　　图像过滤（反走样）：确定如何将多个样例合并成一个像素值来柔化或锐化最终图像，如图 8-9 所示。

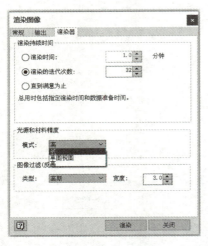
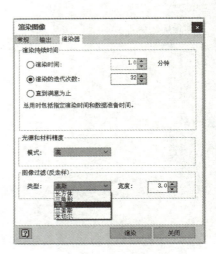

图 8-8　光源和材料精度模式设置　　　　　　　图 8-9　图像过滤类型

3. 渲染输出

　　单击"渲染"按钮。在"渲染输出"窗口的右上角，可单击"暂停"按钮，暂停渲染。单击"保存"按钮，可输出保存为 BMP、JPEG、TIFF、PNG 或 GIF 格式图片，如图 8-10 所示。

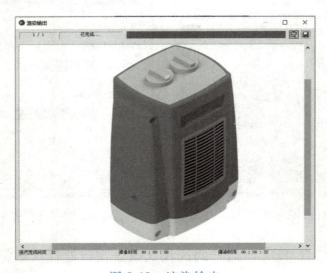

图 8-10　渲染输出

8.2　渲染动画

动画有表达产品模型运动及展示的功能，可以展示模型的运动过程和特征。

8.2.1　进入 Inventor Studio

1. 进入动画渲染模块

启动软件，打开装配完成的模型，单击"环境"选项卡中的"Inventor Studio"按钮，进入动画渲染模块，如图 8-11 所示。

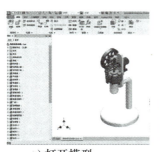

a) 打开模型　　　　　　b) 打开"Inventor Studio"　　　　　　c) 进入动画渲染模块

图 8-11　打开并进入动画渲染模块

2. Studio 光源样式

在"渲染"选项卡的场景区域中单击"Studio 光源样式"，可以选择全局光源样式和局部光源样式，每个样式里有不同的场景，不同的场景就是不同的光源。例如，选择"冷光光源"，可使模型表面更加光亮；选择"昏暗的天空"，可使模型表面更加昏暗，如图 8-12 所示。

a)"冷光光源"效果　　　　　b)"昏暗的天空"效果

图 8-12　光源的对比

单击场景区域中的"Studio 光源样式"按钮，在弹出的对话框中打开"全局光源样式"和"局部光源样式"，选择合适的光源右击，选择"激活"选项即可，如图 8-13 所示。

a) 打开Studio光源样式

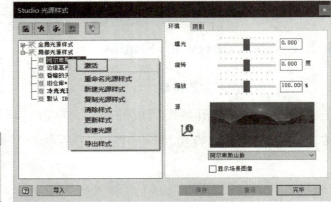

b) 选择合适的光源

图 8-13　设置光源样式

3. 显示场景图像

每个光源样式都对应一个场景，这些场景都可以作为背景来使用。显示场景图像的操作方法和设置光源样式一样，打开"Studio 光源样式"对话框，选择好合适的场景并激活后，勾选右下角的"显示场景图像"，如图 8-14 所示。

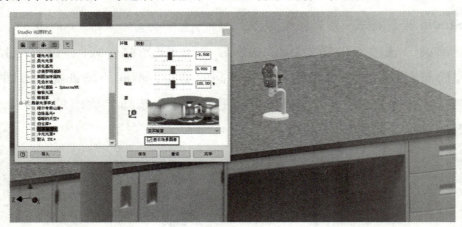

图 8-14　显示场景图像

8.2.2　制作渲染动画

1. 相机的视角与调整

相机的视角就是在动画播放过程中视频展示的方向。例如，如果相机逆时针绕物体旋转模型转一圈，那么视频中就是以相机的视角逆时针旋转 360°整体观察模型。

　　首先单击"相机"按钮，单击目标模型，然后在适当的位置放置相机，再调整相机的位置。单击放置好的相机，会显示 X、Y、Z 三个轴，将其拖动到合适的位置即可，如图 8-15 所示。

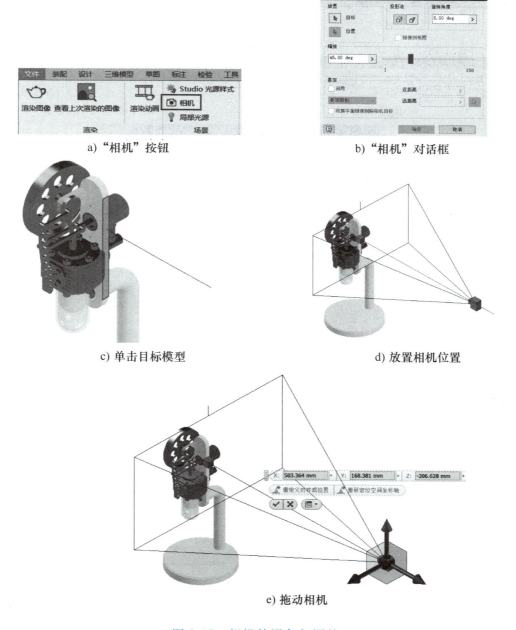

a)"相机"按钮　　　　　　　　　　b)"相机"对话框

c) 单击目标模型　　　　　　　　d) 放置相机位置

e) 拖动相机

图 8-15　相机的视角与调整

2. 打开动画制作面板

单击"动画时间轴"按钮，在弹出的对话框中把视图设置为刚刚设置好的相机视角（"照相机1"），然后单击"展开操作编辑器"按钮，就会打开制作动画的时间轴，如图8-16所示。

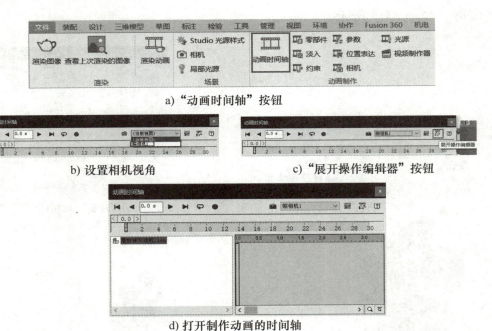

a)"动画时间轴"按钮

b) 设置相机视角   c)"展开操作编辑器"按钮

d) 打开制作动画的时间轴

图8-16 打开动画制作面板

3. 相机动画制作

单击动画制作面板的"相机"按钮，在弹出的对话框中选择"转盘"选项卡，勾选"转盘"选项，"旋转轴"选择"Y原点"，"转数"设置为"1.000ul"，选择"+/−"选项，设置时间，"开始"时间设置为"0.0s"，"结束"时间设置为"5.0s"，如图8-17所示。

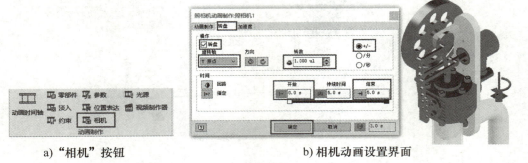

a)"相机"按钮   b) 相机动画设置界面

图8-17 相机动画设置

完成设置后单击"确定"按钮,"动画时间轴"对话框中会出现"照相机"选项,单击前面的加号,可以看到具体的时间轴,如图 8-18 所示。

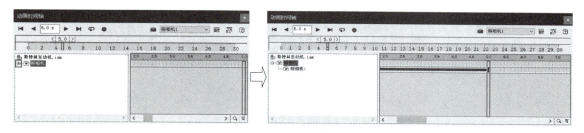

图 8-18 动画时间轴

4. 斯特林发动机的约束动画制作

观察斯特林发动机运动的部分,最明显的就是曲柄圆盘的运动,因此可通过设置曲柄圆盘的角度来设计动画制作。可用装配时的"角度 4"来制作动画。

首先找到曲柄圆盘,打开装配约束,找到之前的"角度 4"右击,选择"约束动画制作"选项,"开始"角度设置为"0.00deg",曲柄圆盘转动一圈为 360°,所以在"结束"角度设置"360"。运动的时间设置非常重要,为了更加清楚地表达产品的整周展示,建议相机动画与约束动画时间轴不重合。例如,刚刚设置好了相机动画,时间在 0~5s,所以曲柄圆盘的动画要在 5s 以后,单击"指定"按钮,设置"开始"时间为 5s,"结束"时间为 10s,即在 5s 内,曲柄圆盘转 360°,如图 8-19 所示。

a) 添加"角度 4"的约束动画制作

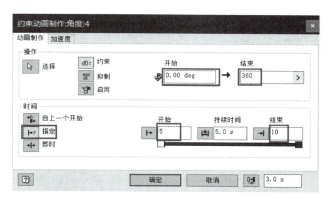

b) 设置角度和时间

图 8-19 约束动画制作

设置完后,动画时间轴中就会出现两条时间轴,这是因为曲柄圆盘以安装块的平面为基础旋转,所以就会有两条时间轴,删除其中一条,另一条也会删除,如图 8-20 所示。

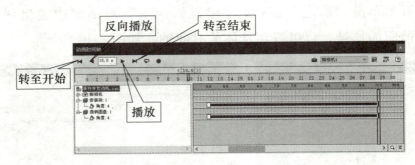

图 8-20　曲柄圆盘的动画时间轴

设置完后可以单击播放键，播放动画，预览动画效果。

5. 淡显动画制作

淡显动画，就是让模型中的一个零部件淡入消失的动画。例如，动画中看不到斯特林发动机的活塞运动，可以让回热器淡显，观察内部的运动情况。

单击动画制作面板中的"淡入"按钮，在弹出的对话框中，单击"零部件"选择器，选择需要淡入的零件（回热器），"开始"设置为"100%"，"结束"设置为"0"，这样回热器就变成了透明状态。将"开始"时间设置为5s，"结束"时间设置为7s，那么在2s的时间里，回热器会慢慢淡显消失，如图 8-21 所示。

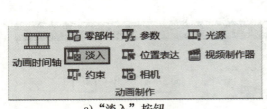

a)"淡入"按钮

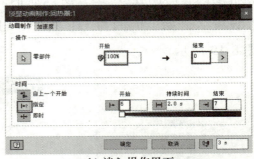

b)淡入操作界面

图 8-21　淡入的操作方法

设置完成后，预览动画时间轴，回热器就会消失，即可见性为0，如图 8-22 所示。

6. 渲染动画

渲染动画就是把制作好的动画时间轴导出成动画，可以使用播放器打开播放。

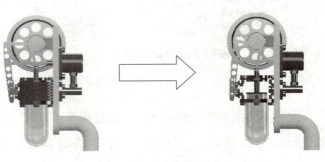

图 8-22　回热器消失

单击渲染面板中的"渲染动画"按钮，在"常规"选项卡中设置动画的分辨率，即"宽度"和"高度"；在"输出"选项卡中设置视频的导出位置和时间范围（以制作动画的长度来设置）。例如，动画时间长度为 10s，在输入框中设置为10s。"帧频"就是帧率的意思，一秒多少帧，数字越大，播放越流畅，渲染时间也越长，如图 8-23 所示。

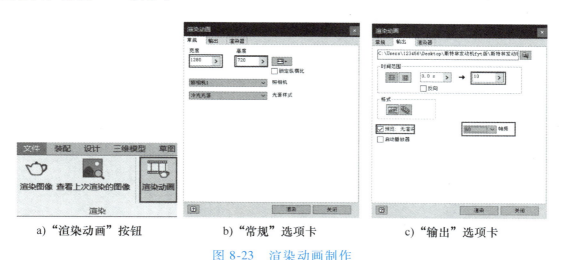

a）"渲染动画"按钮　　　　b）"常规"选项卡　　　　c）"输出"选项卡

图 8-23　渲染动画制作

设置好之后单击"渲染"按钮，弹出"ASF 导出特性"对话框，在"网络带宽"设置项中，单击"自定义"选项，设置网络带宽为"1500"，单击"确定"按钮，仿真动画会逐帧进行渲染，最终生成一个完整的运动仿真渲染动画，如图 8-24 所示。

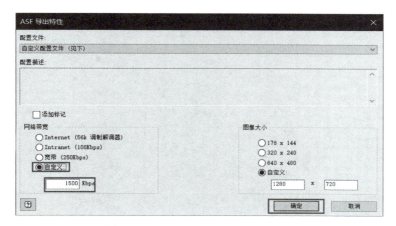

图 8-24　设置"ASF 导出特性"

下 篇

项 目 实 战

项目一 创意收纳盒设计

创意收纳盒是日常生活办公中常用的一款整理产品，收纳盒的外形多种多样，且功能各有不同。本项目创意收纳盒除收纳纸巾、笔、尺等功能之外，还能放置手机和作手机支架使用，如图 9-1 所示。

图 9-1　创意收纳盒效果图

本项目将介绍创意收纳盒设计的流程。通过学习本项目，掌握使用三维数字化设计软件 Inventor 2023 建立数字模型的方法。

【能力目标】

1）了解产品建模的思想。

2）熟悉 Inventor 2023 的使用环境。

3）能正确绘制草图。

4）能正确创建基于草图的模型特征。

5）能正确创建定位特征。

【项目描述】

根据图 9-2 和图 9-3 完成创意收纳盒的建模。

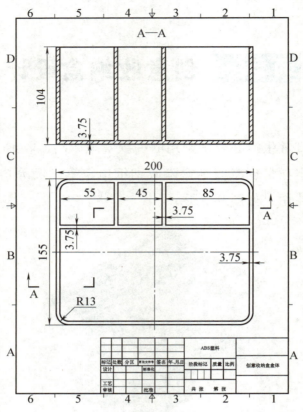

图 9-2　创意收纳盒盒体零件图

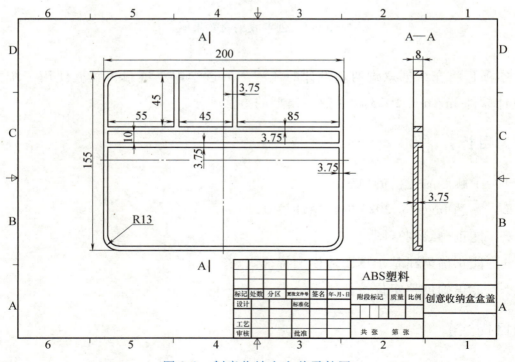

图 9-3　创意收纳盒盒盖零件图

【项目分析】

创意收纳盒由主体和盒盖两个零件组成。第1章中讲解了零件建模的基本思路：在模型特征创建之前需要先绘制二维草图，再基于草图创建相对应的结构特征。创意收纳盒的设计思路见表9-1。

表 9-1　创意收纳盒设计思路

设计节点	设计内容	参考图
1	创建创意收纳盒主体结构的二维草图	
2	创建基于草图的主体结构特征,即用工具面板中的"拉伸"按钮创建主体的结构	
3	创建创意收纳盒储藏结构的二维草图	
4	用工具面板中的"拉伸"按钮创建创意收纳盒的储藏结构	

（续）

设计节点	设计内容	参考图
5	创建创意收纳盒盒盖零件的二维草图	
6	用工具面板中的"拉伸"按钮创建创意收纳盒的盒盖零件	
7	添加零件材料与美化外观	

【项目实施过程】

可扫描二维码观看项目的实施过程。

项目二 减速器底座设计

减速器是一种由封闭在刚性壳体内的齿轮传动、蜗杆传动、齿轮蜗杆传动所组成的独立部件，常用作原动件与工作机之间的减速传动装置，如图 10-1 所示。

图 10-1　减速器效果图

本项目将介绍减速器底座（图 10-2）的设计流程。通过学习本项目，掌握使用三维数字化设计软件 Inventor 2023 建立数字模型的方法。

【能力目标】

1）能正确创建基于草图的零件模型。
2）能正确创建基于特征的零件模型。
3）能正确创建定位特征。
4）能正确放置特征。

【项目描述】

根据图 10-3 完成减速器底座的建模。

图 10-2　减速器底座效果图

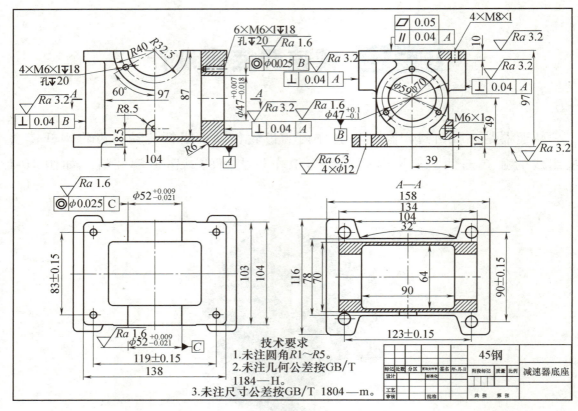

图 10-3   减速器底座零件图

【项目分析】

减速器底座建模的基本思路：在模型特征创建之前需要先绘制二维草图，再基于草图创建相对应的结构特征。减速器底座的设计思路见表 10-1。

表 10-1   减速器底座设计思路

设计节点	设计内容	参考图
1	创建底座底部结构的二维草图，基于草图的底座底部结构特征，用工具面板中的"拉伸"按钮创建座底部的结构	

（续）

设计节点	设计内容	参考图
2	创建底座中部结构的二维草图，用工具面板中的"拉伸"按钮创建底座中部的结构	
3	创建底座上部结构的二维草图，用工具面板中的"拉伸"按钮创建底座上部的结构	
4	创建底座中部左侧结构的二维草图，用工具面板中的"拉伸"按钮创建底座中部左侧的结构	
5	使用工具面板中的"镜像"按钮将节点 4 创建的结构镜像	
6	创建底座前侧结构的二维草图，用工具面板中的"拉伸"按钮创建底座前侧的结构	

（续）

设计节点	设计内容	参考图
7	使用工具面板中的"镜像"按钮将节点 6 创建的结构镜像	
8	创建底座前侧结构的二维草图,用工具面板中的"拉伸"按钮,布尔运算类型为求差,创建底座前后贯穿的半圆柱孔的结构	
9	创建底座中间矩形槽结构的二维草图,用工具面板中的"拉伸"按钮,布尔运算类型为求差,创建底座上侧中间槽结构	
10	使用工具面板中的"孔"按钮创建底座左右贯穿的圆柱孔结构	
11	创建底座底部结构的二维草图,用工具面板中的"拉伸"按钮,布尔运算类型为求差,创建底座前后贯穿的方槽结构	

（续）

设计节点	设计内容	参考图
12	创建底座底部结构的二维草图,用工具面板中的"拉伸"按钮创建底座底部结构	
13	使用工具面板中的"孔"按钮创建底座各处的孔和螺纹孔	
14	添加零件材料与美化外观	

【项目实施过程】

可扫描二维码观看项目的实施过程。

项目三 暖风机外壳设计

暖风机在日常生活中十分的常见，它是由通风机、电动机及空气加热器组合成的联合机组，如图 11-1 所示，适用于各种环境，例如当空气中不含灰尘和易燃或易爆性的气体时，可作为空气循环供暖机使用。

本项目将介绍暖风机外壳设计的流程。通过本项目的学习，掌握使用三维数字化设计软件 Inventor 2023 建立数字模型的方法。

【能力目标】

1）掌握曲面绘制命令的使用方法。

2）掌握塑料零件特征创建命令的使用方法。

3）掌握暖风机外壳多实体建模的方法。

图 11-1　暖风机效果图

【项目描述】

根据图 11-2~图 11-5 完成暖风机外壳的建模。

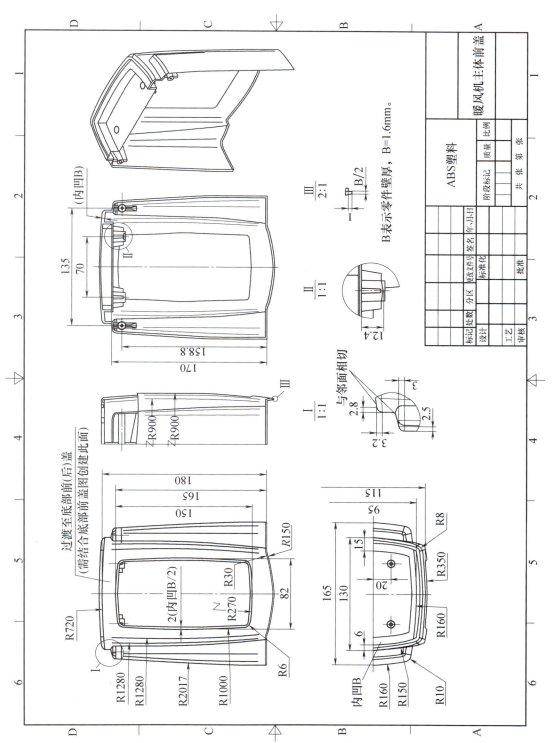

图 11-2 暖风机主体前盖零件图

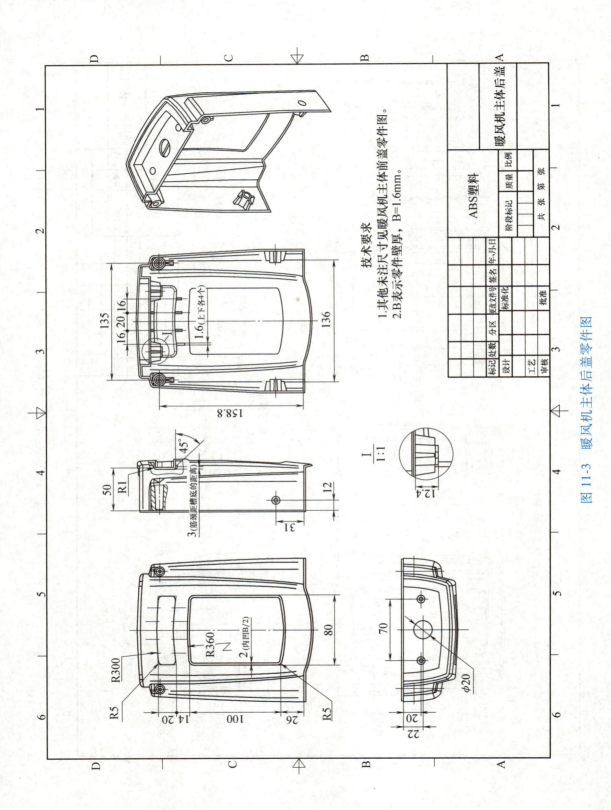

图 11-3 暖风机主体后盖零件图

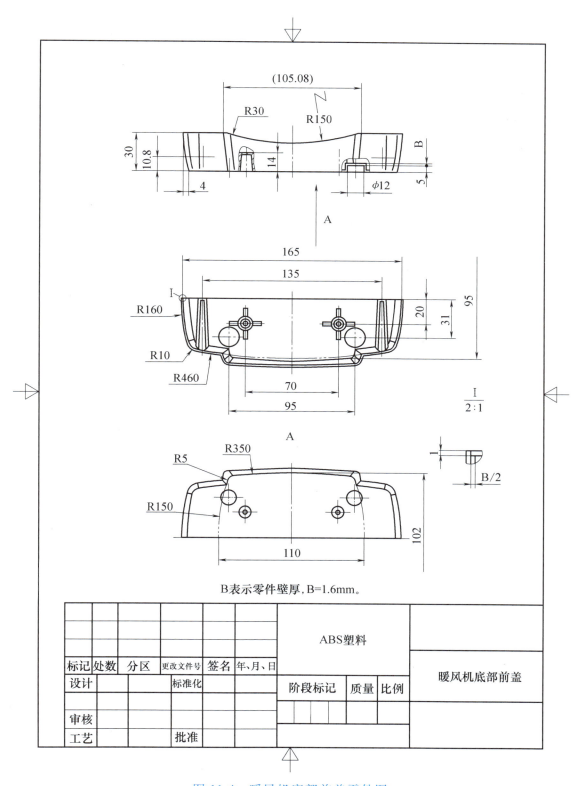

B表示零件壁厚,B=1.6mm。

标记	处数	分区	更改文件号	签名	年、月、日	ABS塑料			暖风机底部前盖
设计			标准化			阶段标记	质量	比例	
审核									
工艺			批准						

图 11-4　暖风机底部前盖零件图

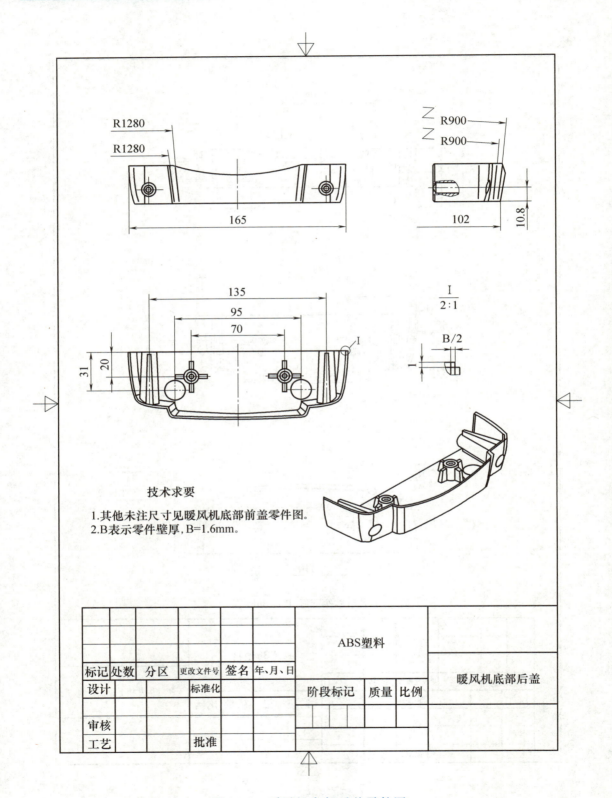

R1280
R1280
165
R900
R900
102
10.8

135
95
70
31
20
I
$\dfrac{I}{2:1}$
B/2
I

技术求要

1.其他未注尺寸见暖风机底部前盖零件图。
2.B表示零件壁厚,B=1.6mm。

标记	处数	分区	更改文件号	签名	年、月、日			
						ABS塑料		
设计			标准化					暖风机底部后盖
审核						阶段标记	质量	比例
工艺			批准					

图 11-5 暖风机底部后盖零件图

【项目分析】

暖风机外壳由曲面组成。暖风机外壳建模的基本思想：先用曲面命令构建曲面，再缝合实体，然后使用曲面分割实体，接下来基于草图对各实体外观特征进行细化，最后生成零部件，如图 11-6 所示。

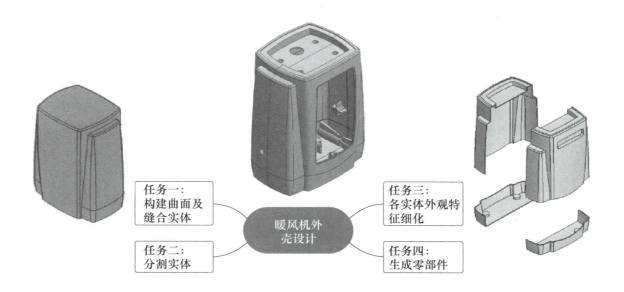

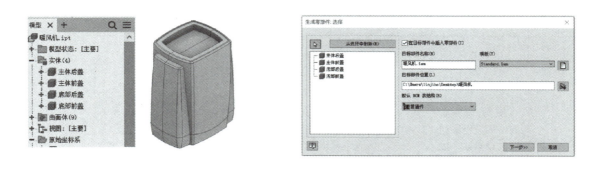

图 11-6　暖风机外壳设计项目分析

任务一　构建曲面及缝合实体

暖风机外壳构建曲面及缝合实体的设计思路见表 11-1。

表 11-1 暖风机外壳构建曲面及缝合实体的设计思路

设计节点	设计内容	参考图
1	绘制暖风机的二维草图："草图 1"~"草图 4"	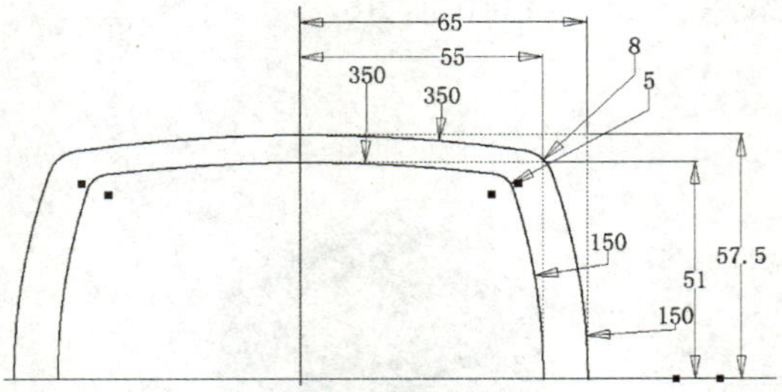 草图1 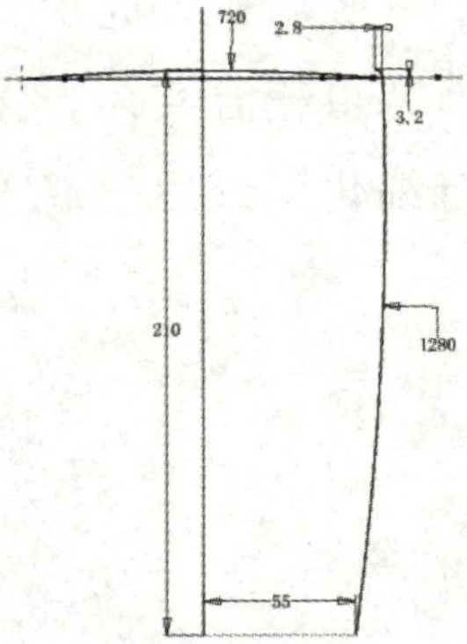 草图2 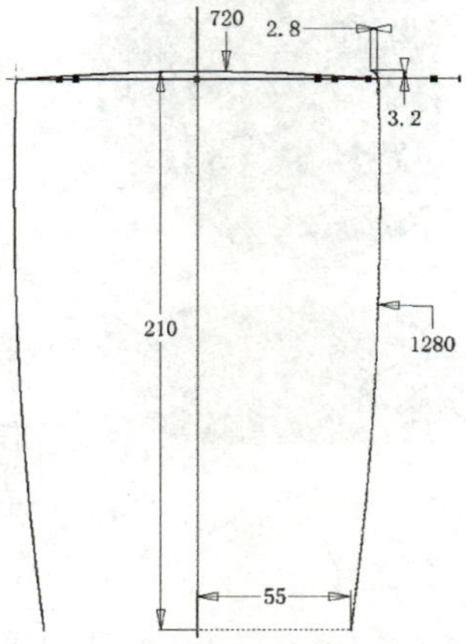 草图3 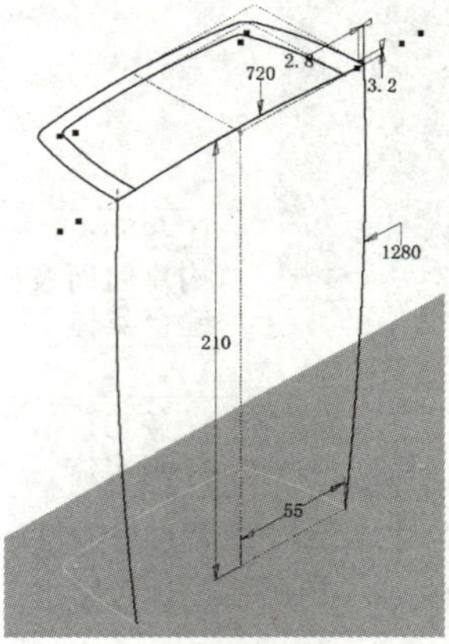 草图4
2	使用工具面板中的"开始创建三维草图"按钮，选择"草图 1"中的外围图形和"草图 2"中 720mm 圆弧，得到"三维草图 1"	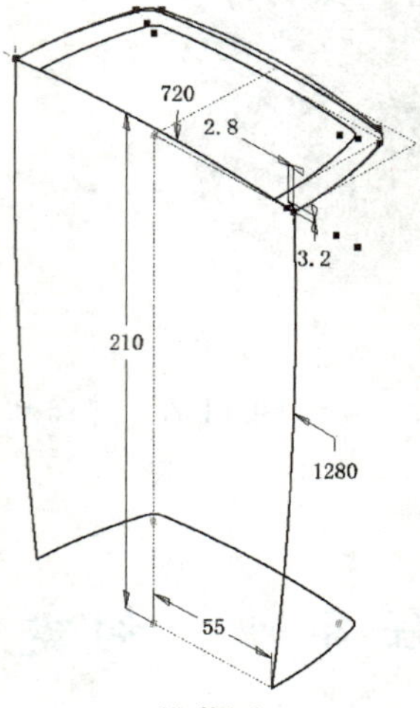 三维草图1

（续）

设计节点	设计内容	参考图
3	使用工具面板中的"工作点"按钮，创建"三维草图 1"和"XY 平面"的"工作点 1"，选择 XY 平面作为草图平面，投影工作点 1，绘制"草图 5"	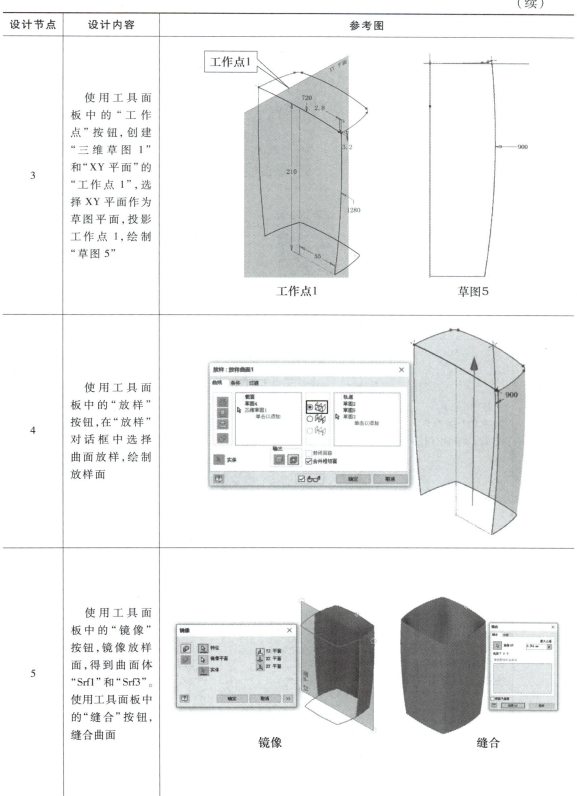
4	使用工具面板中的"放样"按钮，在"放样"对话框中选择曲面放样，绘制放样面	
5	使用工具面板中的"镜像"按钮，镜像放样面，得到曲面体"Srf1"和"Srf3"。使用工具面板中的"缝合"按钮，缝合曲面	

（续）

设计节点	设计内容	参考图
6	扫掠曲面	
7	使用工具面板中的"面片"按钮，创建"边界嵌片 1"和"边界嵌片 2"	 边界嵌片1　　　　　　边界嵌片2
8	使用工具面板中的"缝合"按钮，将曲面缝合	
9	使用工具面板中的"扫掠"按钮，扫掠曲面	

（续）

设计节点	设计内容	参考图
10	使用工具面板中的"面片"按钮，创建"边界嵌片3"和"边界嵌片4"	边界嵌片3　　　　边界嵌片4
11	使用工具面板中的"缝合"按钮，将曲面缝合为实体	
12	使用工具面板中的"合并"按钮，合并实体	

【任务一实施过程】

可扫描二维码观看任务一的实施过程。

任务二 分 割 实 体

暖风机外壳分割实体的设计思路见表 11-2。

表 11-2 暖风机外壳分割实体的设计思路

设计节点	设计内容	参考图
1	绘制暖风机的二维草图："草图 8"	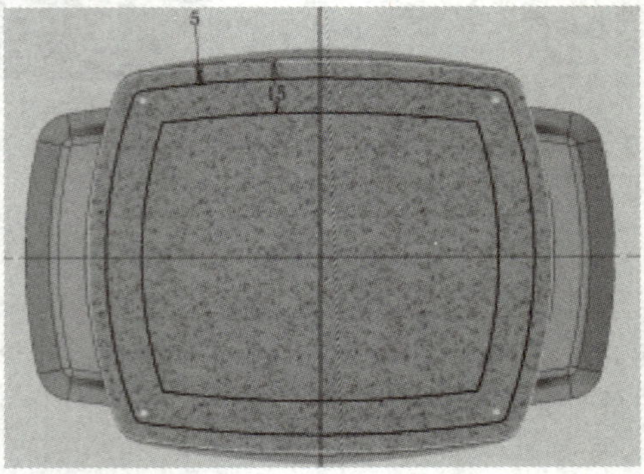 草图8
2	使用工具面板中的"加厚/偏移"按钮，选择零件上表面，偏移得到"偏移曲面 1"和"偏移曲面 2"	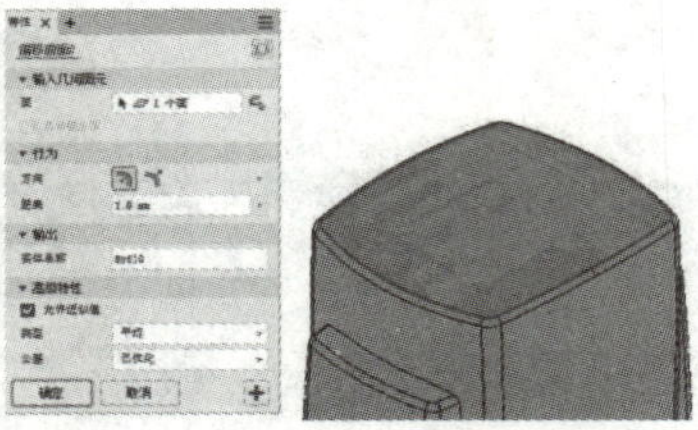 偏移曲面1 　　　　　　　　偏移曲面2
3	使用工具面板中的"拉伸"按钮，选择拉伸轮廓，构建实体特征	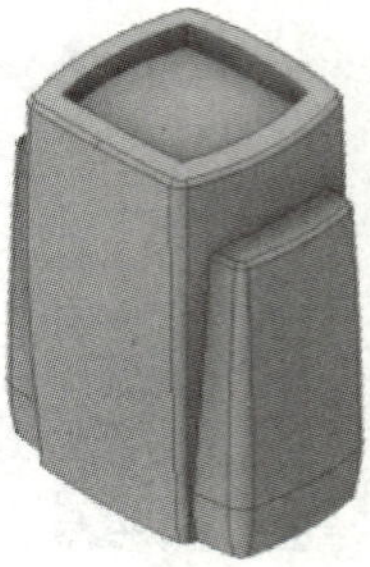 

（续）

设计节点	设计内容	参考图
4	选择零件底面作为草图平面,绘制"草图9",使用工具面板中的"拉伸"按钮拉伸实体	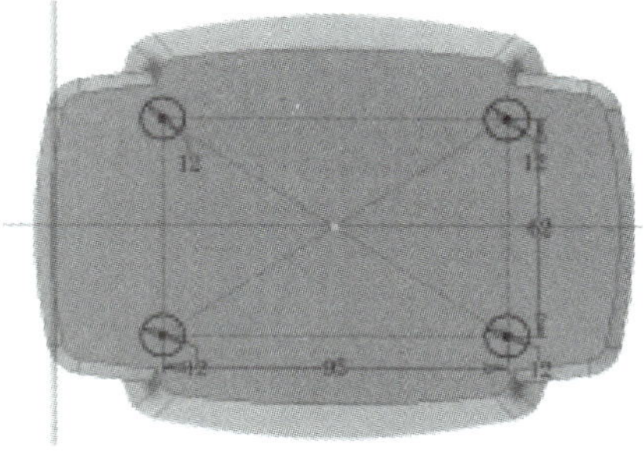 草图9 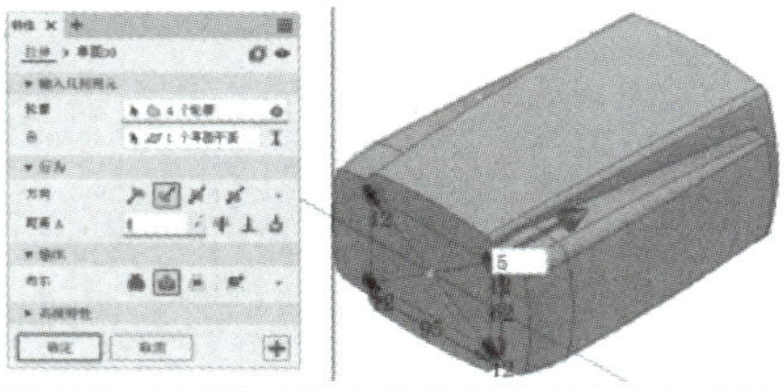
5	绘制"草图10",使用工具面板中的"拉伸"按钮,布尔减运算进行除料并拉伸实体	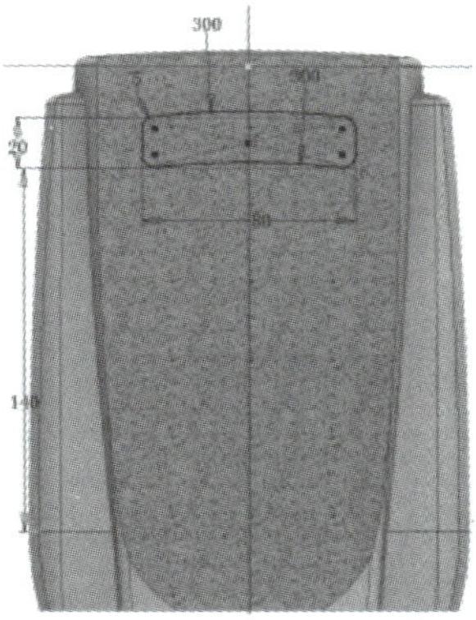 草图10 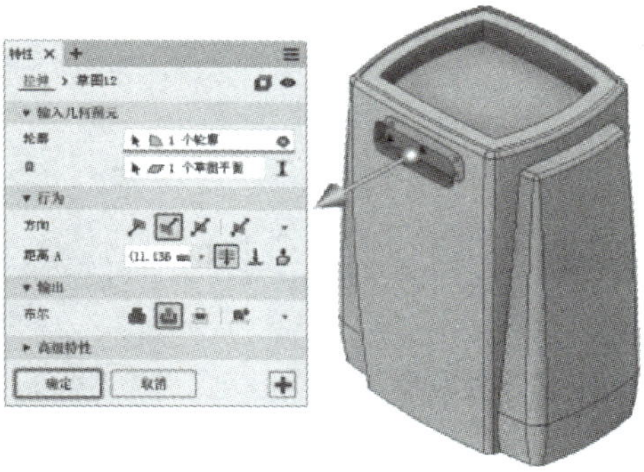
6	抽壳实体	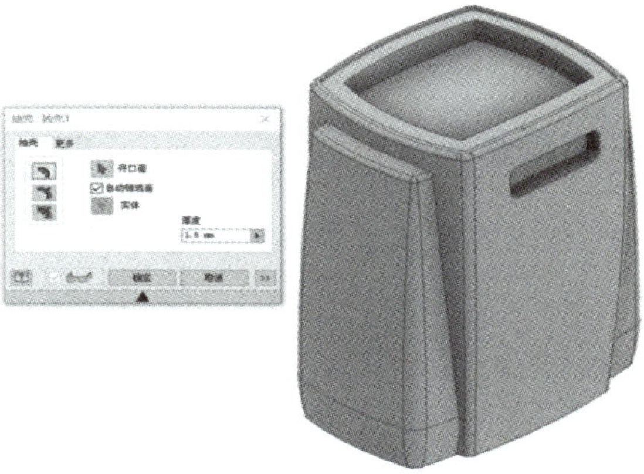

（续）

设计节点	设计内容	参考图
7	绘制"草图11"，使用工具面板中的"分割"按钮，将实体分割为上下两部分	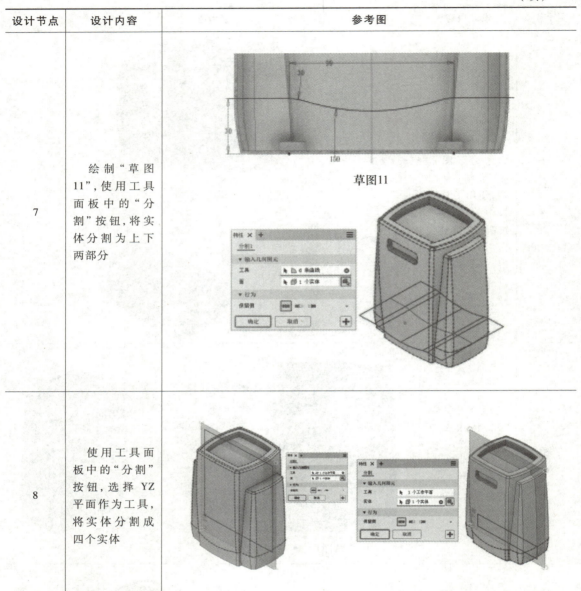 草图11
8	使用工具面板中的"分割"按钮，选择 YZ 平面作为工具，将实体分割成四个实体	

【任务二实施过程】

可扫描二维码观看任务二的实施过程。

任务三　各实体外观特征细化

暖风机外壳各实体外观特征细化的设计思路见表 11-3。

表 11-3　暖风机外壳各实体外观特征细化的设计思路

设计节点	设计内容	参考图
1	绘制"草图12"，使用工具面板中的"加强筋"按钮和"阵列"按钮完成筋板的绘制	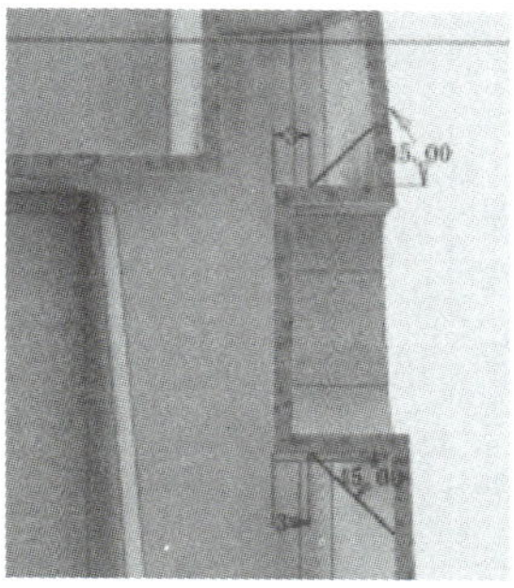 草图12 
2	绘制"草图13"，使用工具面板中的"凸柱"按钮完成底部四个凸柱的创建	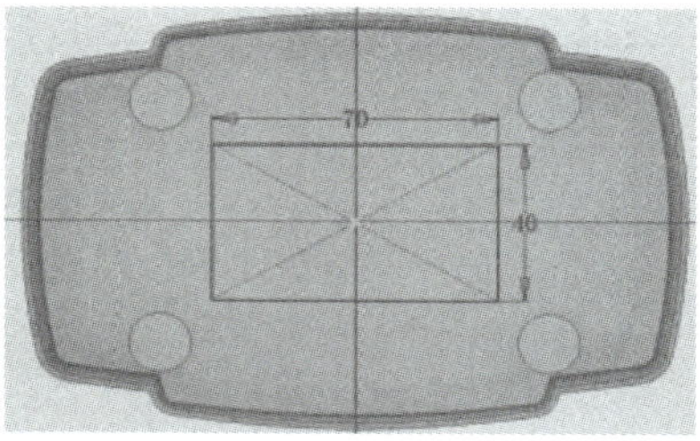 草图13 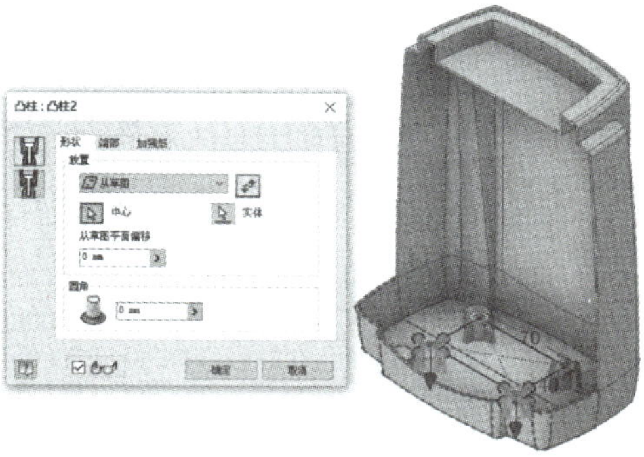

（续）

设计节点	设计内容	参考图
3	绘制"草图14"，使用工具面板中的"凸柱"按钮完成顶部四个凸柱的创建	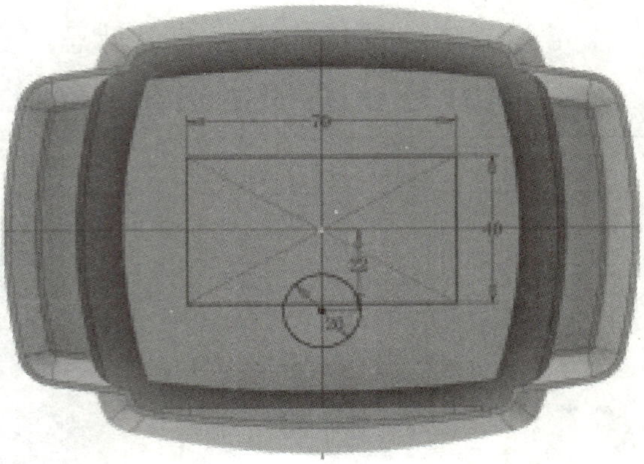 草图14 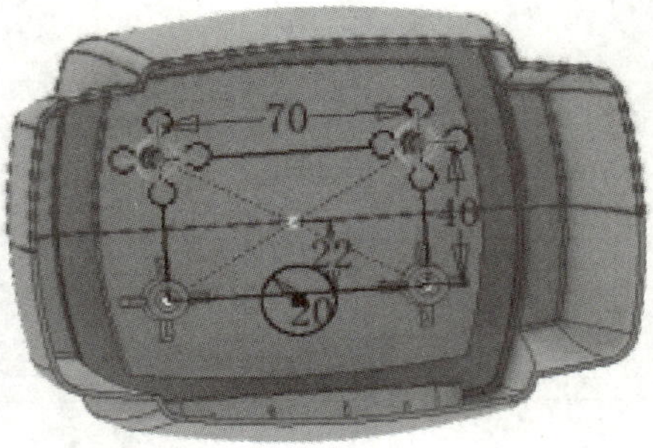
4	使用工具面板中的"拉伸"按钮选择"草图14"进行布尔减运算特征除料	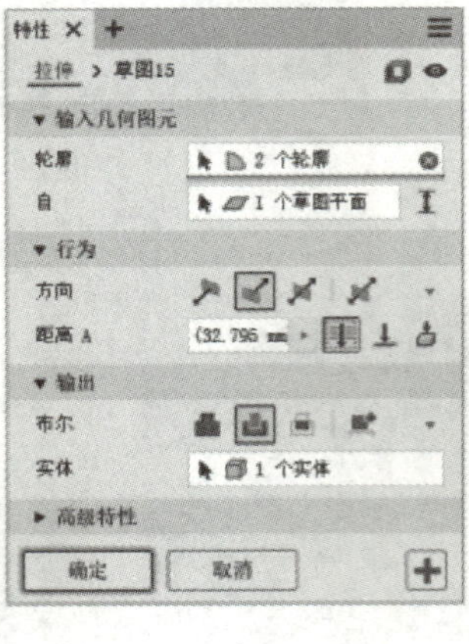 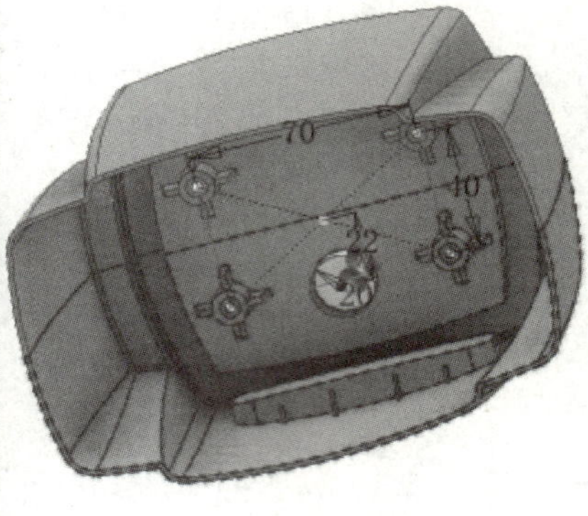

（续）

设计节点	设计内容	参考图
5	绘制"草图15"，使用工具面板中的"凸柱"按钮完成内部左右两个凸柱的创建	
6	绘制"草图16"，使用工具面板中的"凸柱"按钮完成四个凸柱的创建	
7	绘制"草图17"、"草图18"	

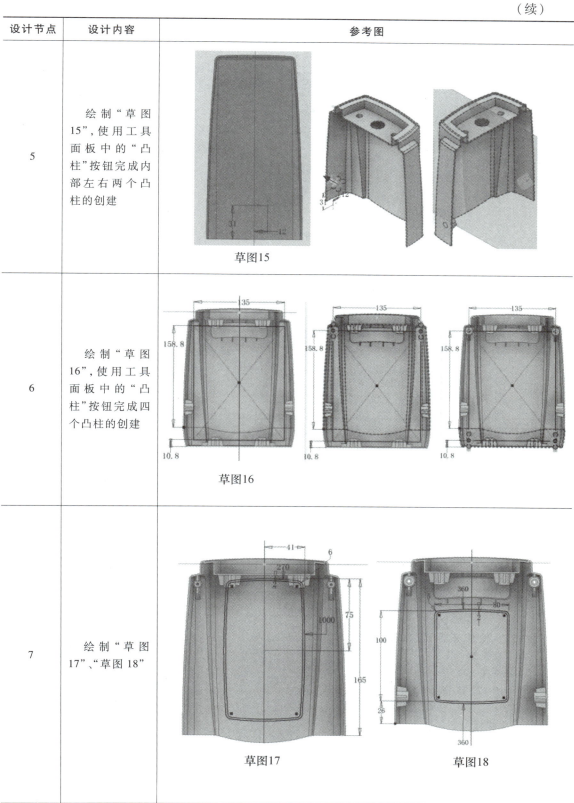

草图15

草图16

草图17　　　草图18

（续）

设计节点	设计内容	参考图
8	使用"加厚/偏移"，选择曲面体"Srf1"和"Srf3"，向内偏移距离为0.8mm，得到"偏移曲面3"和"偏移曲面4"	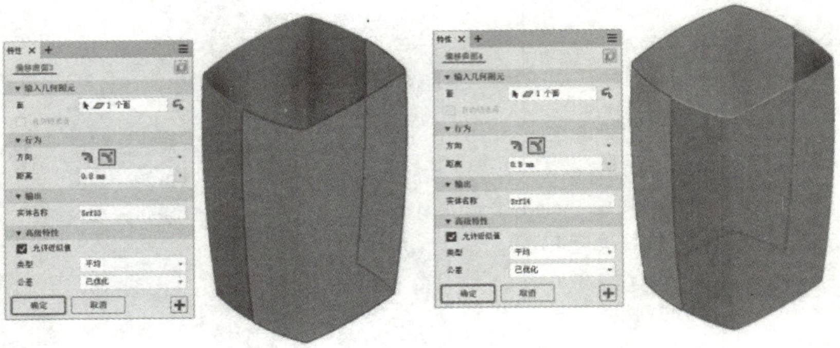 偏移曲面3　　　偏移曲面4
9	使用工具面板中的"拉伸"按钮，在拉伸"特性"选项卡中单击"介于两面之间"按钮，两曲面选择曲面"Srf1"和"偏移曲面3"，设置布尔减运算除料，完成"主体前盖"和"主体后盖"的除料	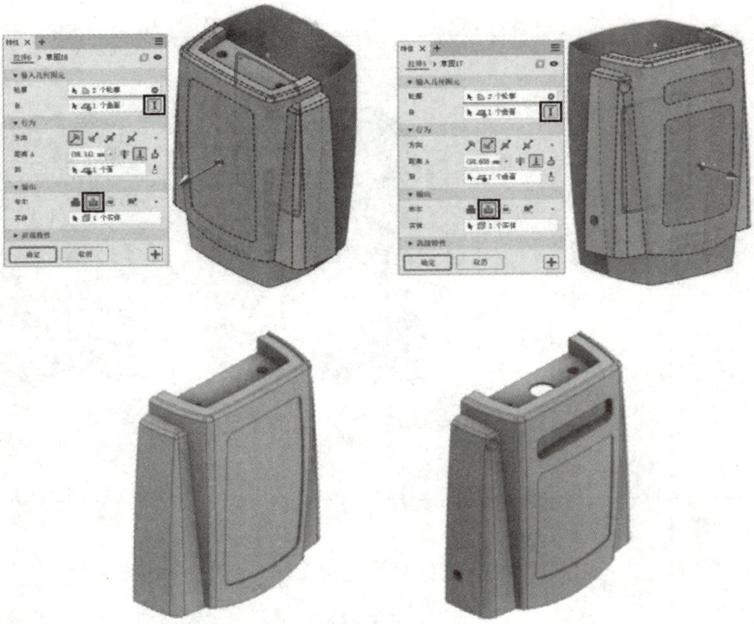
10	使用工具面板中的"拉伸"按钮，选择"草图17"和"草图18"，距离选择"贯穿"，布尔减运算进行除料	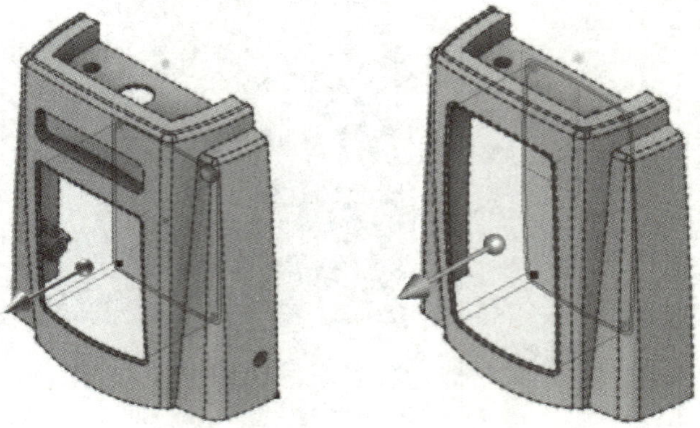

（续）

设计节点	设计内容	参考图
11	使用工具面板中的"止口"按钮,完成对主体前盖、主体后盖的止口创建	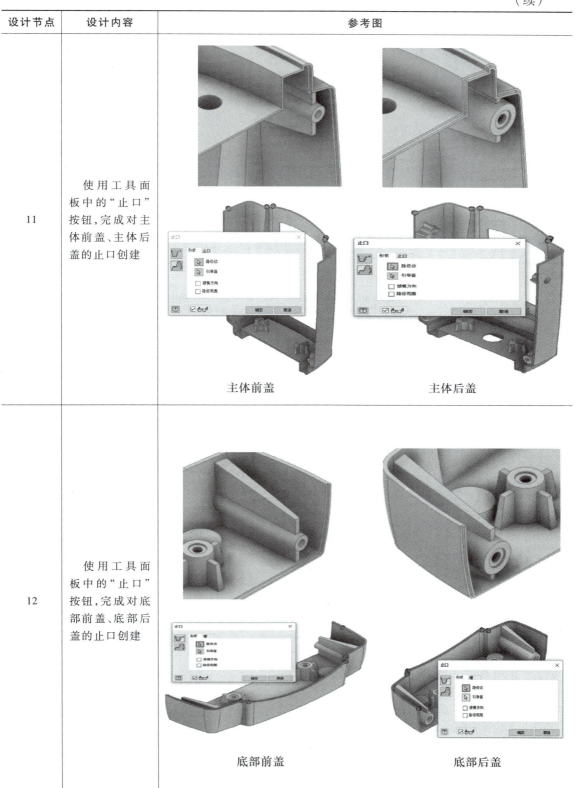 主体前盖　　主体后盖
12	使用工具面板中的"止口"按钮,完成对底部前盖、底部后盖的止口创建	底部前盖　　底部后盖

【任务三实施过程】

可扫描二维码观看任务三的实施过程。

任务四　生成零部件

暖风机外壳生成零部件的设计思路见表 11-4。

表 11-4　暖风机外壳生成零部件的设计思路

设计节点	设计内容	参考图
1	单击工具面板中的"生成零部件"按钮	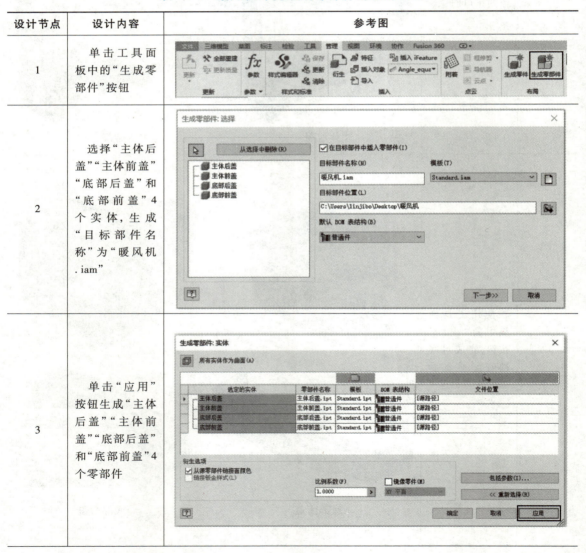
2	选择"主体后盖""主体前盖""底部后盖"和"底部前盖"4个实体，生成"目标部件名称"为"暖风机.iam"	
3	单击"应用"按钮生成"主体后盖""主体前盖""底部后盖"和"底部前盖"4个零部件	

（续）

设计节点	设计内容	参考图
4	在浏览器中查看"暖风机.iam"中的"主体后盖""主体前盖""底部后盖"和"底部前盖"4个零部件	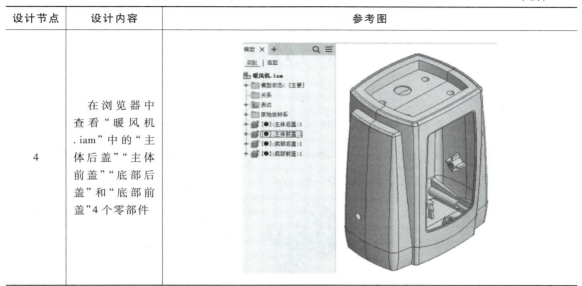

【任务四实施过程】

可扫描二维码观看任务四的实施过程。

项目四　斯特林发动机设计

斯特林发动机由英国物理学家罗巴特·斯特林于 1816 年发明，它通过气缸内工作介质（通常为氢气或氦气）以压缩、吸热、膨胀、冷却为一个周期循环输出动力，是一种外燃发动机，如图 12-1 所示。

图 12-1　斯特林发动机效果图

本项目将介绍斯特林发动机设计的流程。通过学习本项目，掌握使用三维数字化设计软件 Inventor 2023 建立数字模型的方法。

【能力目标】

1）了解产品建模和装配的思想。

2）熟悉 Inventor 2023 的装配环境。

3）掌握调用资源中心和编辑零部件的方法。

4）掌握 Inventor Studio 的使用方法。

5）能正确设置场景、光源和场景样式。

【项目描述】

斯特林发动机设计项目分三个任务：产品建模、产品装配和产品动画渲染，如图 12-2 所示。

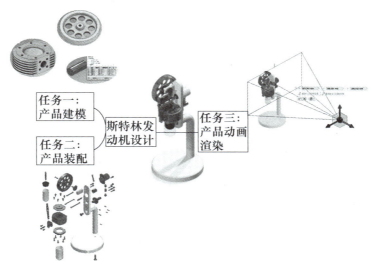

图 12-2　斯特林发动机设计项目分析

【项目分析】

斯特林发动机由 37 个零件组成，其中包含 29 个设计件和 8 个标准件。本项目重点讲解回热器、飞轮和销的设计，其余零件根据提供图样完成建模即可。其中，标准件的设计可运用装配环境中的资源中心库调用方法完成建模。

任 务 一　产 品 建 模

根据图 12-3~图 12-5 完成斯特林发动机的建模。

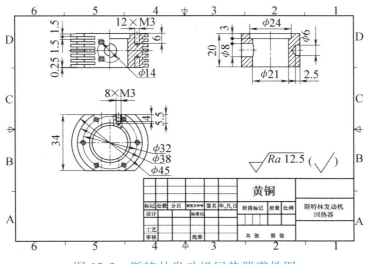

图 12-3　斯特林发动机回热器零件图

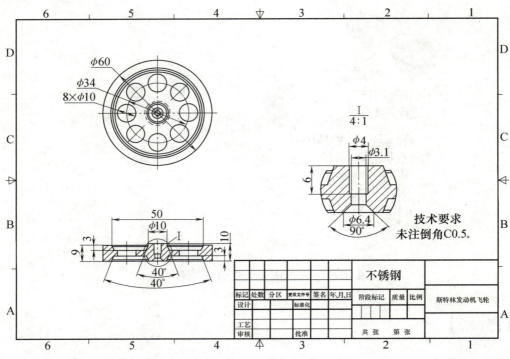

图 12-4　斯特林发动机飞轮零件图

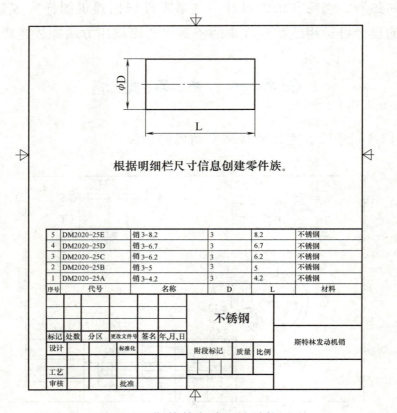

图 12-5　斯特林发动机销零件图

第 1 章中，我们讲解了零件建模的基本思想，模型特征创建之前需要先绘制二维草图，再基于草图创建相对应的结构特征。

1. 斯特林发动机回热器的设计

斯特林发动机回热器的设计思路见表 12-1。

表 12-1　斯特林发动机回热器的设计思路

设计节点	设计内容	参考图
1	创建回热器主体结构的二维草图	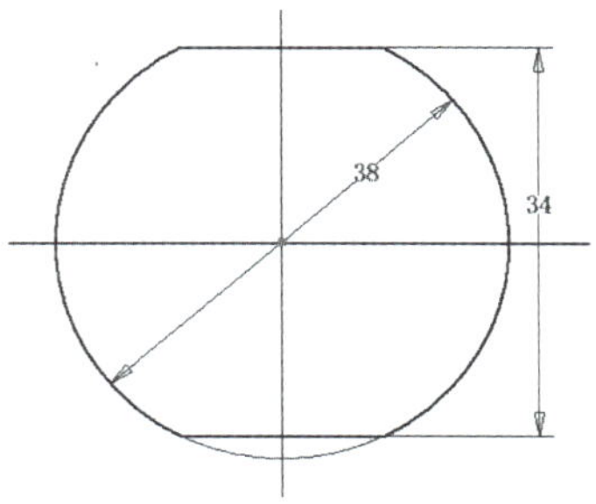
2	创建基于草图的主体结构，即用工具面板中的"拉伸"按钮创建主体的结构	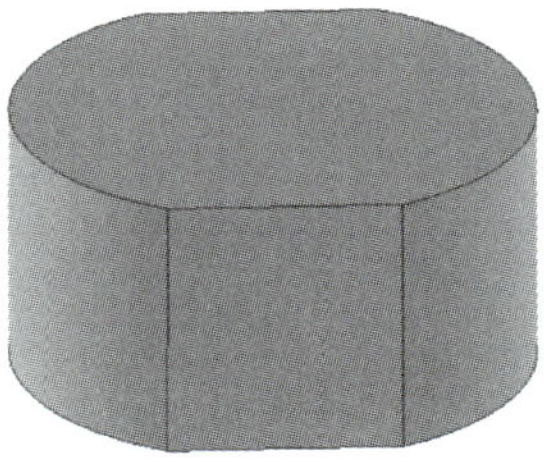
3	创建自定义平面后，创建回热器散热片结构的二维草图	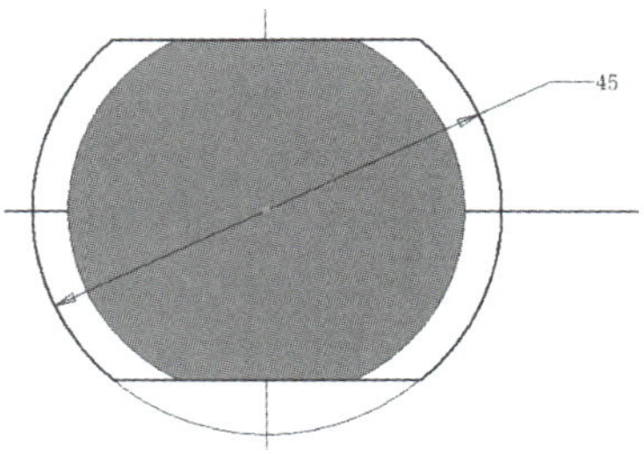

（续）

设计节点	设计内容	参考图
4	创建基于草图的散热片结构，即用工具面板中的"拉伸"按钮创建散热片的结构	
5	使用工具面板中的"矩形阵列"按钮，完成对全部散热片的设计	
6	使用工具面板中的"孔"按钮，完成对回热器内部结构的设计	
7	创建回热器上下螺纹孔的草图定位点	
8	使用工具面板中的"孔""环形阵列"和"镜像"按钮，完成对回热器上下螺纹孔的设计	

（续）

设计节点	设计内容	参考图
9	使用工具面板中的"孔"按钮完成对回热器前后孔的设计	
10	创建回热器前后螺纹孔的草图定位点	
11	使用工具面板中的"孔""环形阵列"和"镜像"按钮,完成对回热器前后螺纹孔的设计	
12	添加零件材料与美化外观	

【任务一实施过程1】

可扫描二维码观看斯特林发动机回热器的设计实施过程。

2. 斯特林发动机飞轮的设计

斯特林发动机飞轮的设计思路见表12-2。

表 12-2　斯特林发动机飞轮的设计思路

设计节点	设计内容	参考图
1	创建飞轮主体结构的旋转二维草图	
2	创建基于草图的飞轮主体结构，即用工具面板中的"旋转"按钮创建飞轮主体的结构	
3	创建飞轮主体内部结构的旋转二维草图	
4	创建基于草图的飞轮主体结构，即用工具面板中的"旋转"按钮创建飞轮主体内部结构	

（续）

设计节点	设计内容	参考图
5	创建飞轮主体内部结构的孔位二维草图	
6	创建基于草图的飞轮主体结构，即用工具面板中的"拉伸"按钮完成对孔的设计	
7	添加零件材料与美化外观	

【任务一实施过程 2】

可扫描二维码观看斯特林发动机飞轮的设计实施过程。

3. 斯特林发动机销的设计

斯特林发动机销的设计思路见表 12-3。

表 12-3　斯特林发动机销设计思路

设计节点	设计内容	参考图
1	创建销的用户参数 D、L	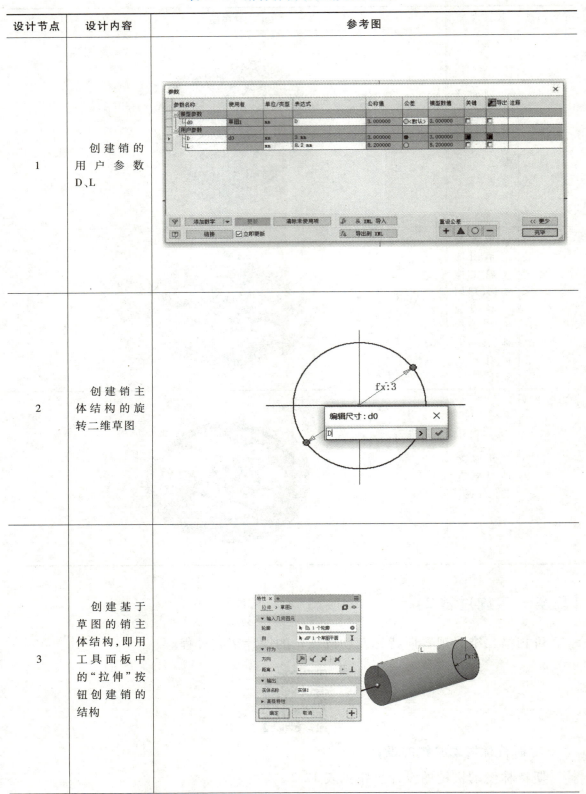
2	创建销主体结构的旋转二维草图	
3	创建基于草图的销主体结构,即用工具面板中的"拉伸"按钮创建销的结构	

（续）

设计节点	设计内容	参考图
4	单击工具面板中的"管理"→"创建iPart"，在弹出的对话框中编辑参数表	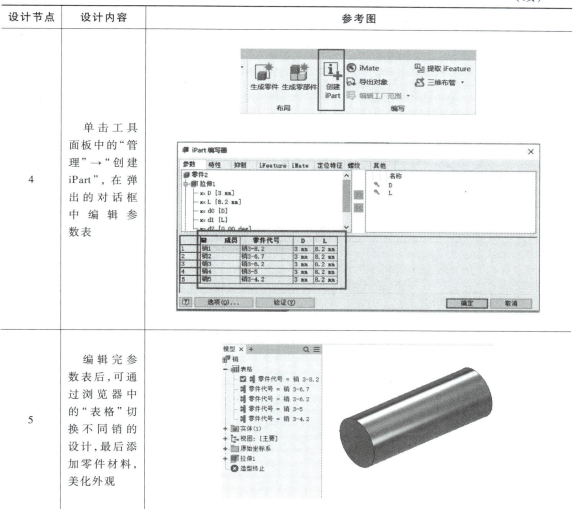
5	编辑完参数表后，可通过浏览器中的"表格"切换不同销的设计，最后添加零件材料，美化外观	

【任务一实施过程3】

可扫描二维码观看斯特林发动机销的设计实施过程。

任 务 二　产 品 装 配

根据图12-6完成产品的整体装配。斯特林发动机的装配思路见表12-4。

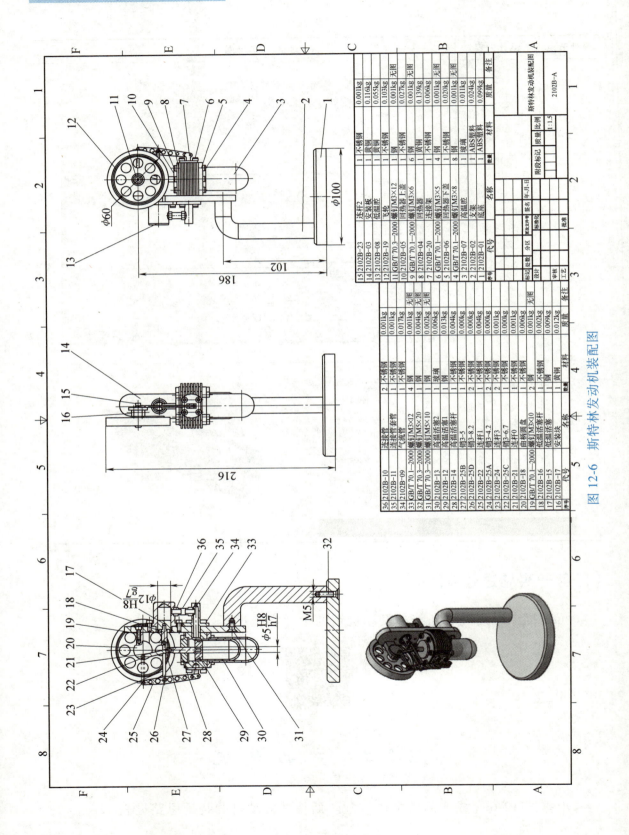

图12-6 斯特林发动机装配图

表 12-4 斯特林发动机的装配思路

装配节点	装配内容	参考图
1	整理好斯特林发动机装配所需所有模型（包括标准件）	
2	单击工具面板中的"装配"选项卡，选择"约束"按钮，在弹出的对话框中选择配合方式，将底座与支架进行组装	
3	单击"装配"选项卡中的"联接"按钮，在弹出的对话框中选择联接类型为"刚性"方式，将安装板与支架进行组装	

（续）

装配节点	装配内容	参考图
4	用与装配节点 3 同样的操作方式,将回热器与安装板进行组装	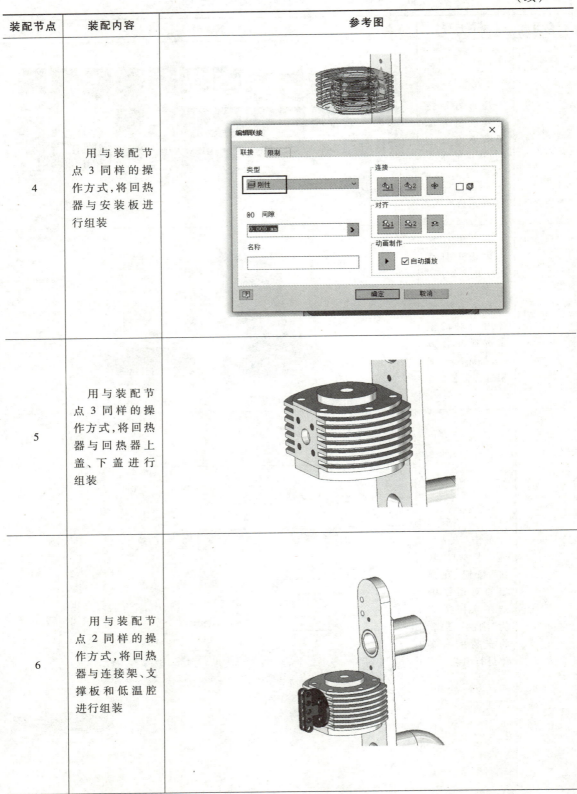
5	用与装配节点 3 同样的操作方式,将回热器与回热器上盖、下盖进行组装	
6	用与装配节点 2 同样的操作方式,将回热器与连接架、支撑板和低温腔进行组装	

（续）

装配节点	装配内容	参考图
7	用与装配节点 2 同样的操作方式,将气流管与支撑板进行组装	
8	用与装配节点 2 同样的操作方式,将连接管、连接管套分别组装在气流管和低温腔合理配合处	
9	用与装配节点 2 同样的操作方式,将安装块与支撑板进行组装	
10	用与装配节点 2 同样的操作方式,将低温活塞杆和低温活塞与低温腔进行组装	

（续）

装配节点	装配内容	参考图
11	用与装配节点 2 同样的操作方式,将高温活塞 1、高温活塞 2 与高温腔组装并合理与回热器配合	
12	用与装配节点 2 同样的操作方式将连杆 0、连杆 1、连杆 2、连杆 3、曲柄圆盘与已装配零件进行组装,保证驱动曲柄圆盘各连杆能够合理运动	
13	单击"装配"选项卡中的"约束"按钮,在弹出的对话框中选择插入方式,将飞轮与固定块进行组装	

（续）

装配节点	装配内容	参考图
14	调用资源中心库逐一调用装配图中给出的螺钉型号的模型	 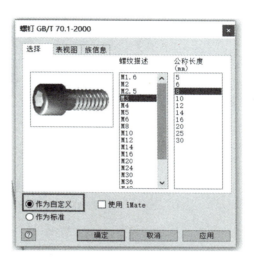 标准件清单 表格见下

GB/T 70.1—2000	螺钉 M3-8
GB/T 70.1—2000	螺钉 M3-6
GB/T 70.1—2000	螺钉 M3-5
GB/T 70.3—2000	螺钉 M3-12
GB/T 70.1—2000	螺钉 M3-10
GB/T 70.3—2000	螺钉 M5-10
GB/T 70.3—2000	螺钉 M5-20
GB/T 70.1—2000	螺钉 M3-12

（续）

装配节点	装配内容	参考图
15	用与装配节点 13 同样的操作方式,将所有螺钉装入产品	
16	用与装配节点 3 同样的操作方式,将所有参数化设计的销装入产品	

【任务二实施过程】

可扫描二维码观看任务二的实施过程。

任务三 产品动画渲染

动画有表达产品模型运动及展示的功能，可以展示模型的运动过程和特征。根据所给定的动画渲染制作要求完成斯特林发动机的产品动画渲染设计。使用 Inventor Studio 模块制作，以局部视角展示三个产品的工作周期动作，并设置低温腔和高温腔的淡显设计；展示产品的整体外观，时长为 8s，"视频分辨率"中的"宽度"为"1280"（像素）、"高度"为"720"（像素）。斯特林发动机的动画渲染思路对应的动画渲染思路见表 12-5。

表 12-5 斯特林发动机的动画渲染思路

动画渲染节点	动画渲染内容	参考图
1	单击工具面板中的"装配"选项卡，选择"约束"按钮，在弹出的对话框中选择约束类型为角度，约束曲柄圆盘平面与底座外表面的定向角度，以及飞轮平面与回热器上盖外表面的定向角度 提示：驱动零件定向角度约束的平面可以根据实际情况选取，并非唯一答案	

（续）

动画渲染节点	动画渲染内容	参考图
2	使用"照相机动画制作"对话框中的"转盘"选项卡,设置旋转轴、转速、时长等,完成模型的整周旋转外观展示,动画时间轴记录 2s 时长	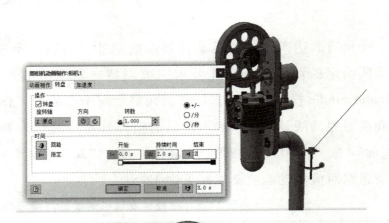 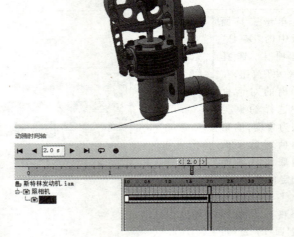

（续）

动画渲染节点	动画渲染内容	参考图
3	用鼠标左键拖动动画时间轴的时长至3s，调整模型摆放位置（建议采用正面方式），最后使用添加照相机操作完成模型角度的切换设置	

（续）

动画渲染节点	动画渲染内容	参考图
4	选取飞轮角度约束，使用"约束动画制作"对话框设置开始和结束的角度数值并指定时长区间	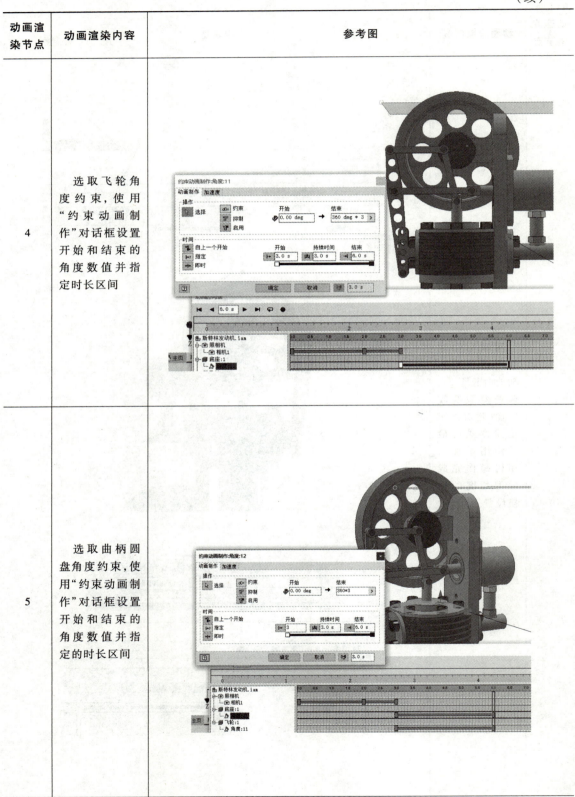
5	选取曲柄圆盘角度约束，使用"约束动画制作"对话框设置开始和结束的角度数值并指定的时长区间	

（续）

动画渲染节点	动画渲染内容	参考图
6	在"淡显动画制作"对话框中,使用"零部件"选择器选择低温腔和高温腔零件,设置结束淡入的百分率和时长区间	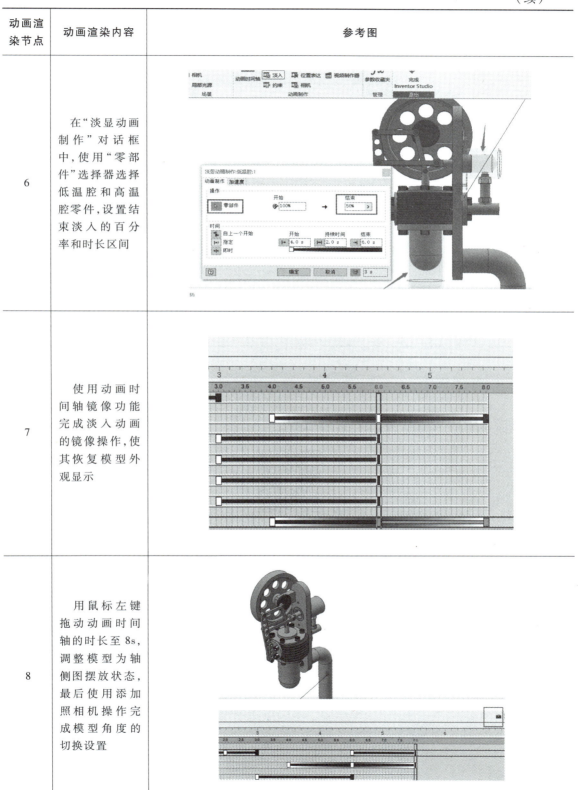
7	使用动画时间轴镜像功能完成淡入动画的镜像操作,使其恢复模型外观显示	
8	用鼠标左键拖动动画时间轴的时长至8s,调整模型为轴侧图摆放状态,最后使用添加照相机操作完成模型角度的切换设置	

（续）

动画渲染节点	动画渲染内容	参考图
9	在"渲染动画"对话框中设置动画分辨率、时长、自定义网络带宽等并完成动画的输出设置	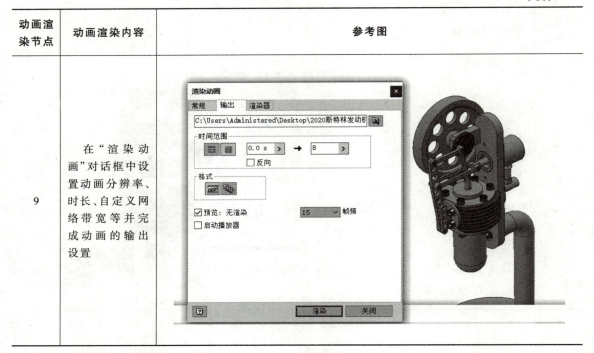

【任务三实施过程】

可扫描二维码观看任务三的实施过程。

项目五 车载充气泵外观设计

车载充气泵是通过内部电机（电动机）运转工作的，如图 13-1 所示。

本项目将介绍车载充气泵设计的流程。通过学习本项目，掌握如何使用三维数字化设计软件 Inventor 2023 设计一款实用的产品。

【能力目标】

1) 掌握产品设计的方式。

2) 掌握气泵泵体设计的步骤。

3) 能用自下而上的方式绘制泵体零件。

4) 能用衍生方式设计气泵外形。

5) 能用自上而下的设计方式创建充气泵壳体零件。

图 13-1　车载充气泵效果图

【项目描述】

车载充气泵在抽气时，连通器的阀门被冲开，气体进入气筒，而在向轮胎中打气时，阀门又被关闭，气体就进入了轮胎中。

车载充气泵通常放置于车内，为了便于存储和使用，充气泵的外形应设计得较为简单，整体尺寸较小。

【项目分析】

车载充气泵的外观设计项目分两个任务：泵体设计和壳体/配件设计，如图 13-2 所示。

车载充气泵泵体由气压缸体、电机、飞轮、活塞杆、变速齿轮和连通器等零件组成，本项目我们利用前面所学知识点，完成车载充气泵的泵体设计。

车载充气泵需要考虑储藏得便利性，使用得方便性和泵体装配等要求。我们可为车载充气泵设计内壳、外壳、底盖、散热风扇、开关等零件，利用自上而下的设计方式，用多实体建模方式完成车载充气泵的壳体设计，如图 13-2 所示。

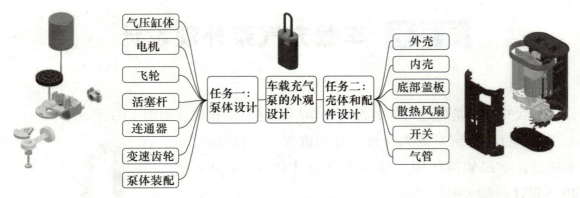

图 13-2　车载充气泵外观设计项目分析

任务一　车载充气泵泵体设计

车载充气泵泵体的设计思路见表 13-1。

表 13-1　车载充气泵泵体的设计思路

设计节点	设计内容	参考图
1	创建基于草图的泵体气压缸体结构特征，使用工具面板中的"拉伸""凸柱"等按钮创建气压缸体零件	
2	创建基于草图的电机示意结构特征，使用工具面板中的"拉伸""圆角"等按钮创建电机示意零件	

（续）

设计节点	设计内容	参考图
3	创建基于草图的飞轮结构特征,使用工具面板中的"拉伸""孔""圆角"等按钮创建飞轮零件	
4	创建基于草图的活塞杆结构特征,使用工具面板中的"拉伸""圆角"等按钮创建活塞杆零件	
5	创建基于草图的连通器结构特征,使用工具面板中的"拉伸""孔""螺纹"和"镜像"等按钮创建连通器零件	
6	创建基于草图的变速齿轮结构特征,使用工具面板中的"拉伸""环形阵列"等按钮创建变速齿轮零件	
7	使用"部件"选项卡中的"约束"按钮,创建车载充气泵泵体的装配体部件	

【任务一实施过程】

可扫描二维码观看任务一的实施过程。

步骤1：启动软件，打开"项目"对话框，单击"新建"按钮，选择"新建单用户项目"选项，并指定项目文件的名称"打气泵"和项目文件的保存路径（如"c:\打气泵"），单击"完成"按钮。此时项目文件"打气泵"将处于激活状态，创建的零部件模型文件将自动保存于项目文件所在的文件夹内，如图13-3所示。

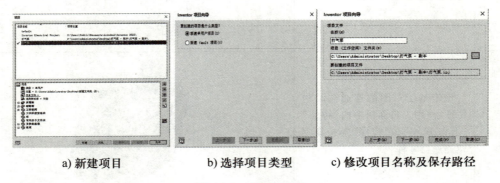

a) 新建项目　　　　b) 选择项目类型　　　　c) 修改项目名称及保存路径

图13-3　创建项目

步骤2：单击"新建"按钮，选择新建零件，即"Standard.ipt"，单击"创建"按钮，新建一个零件文件，如图13-4所示。

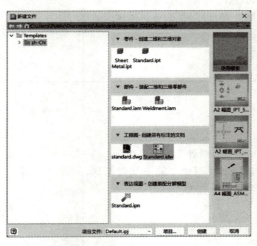

图13-4　新建零件

步骤 3：在工作平面上创建二维草图，使用"拉伸"按钮，创建气压缸体模型，如图 13-5 所示。

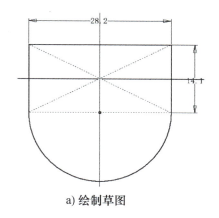

a) 绘制草图

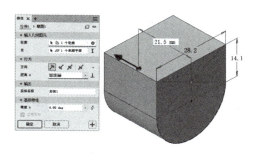

b) 使用"拉伸"创建模型

图 13-5　创建气压缸体模型

步骤 4：在气压缸体标表面上创建草图，重复使用"拉伸"按钮，完善气压缸体建模，如图 13-6 所示。

步骤 5：使用"圆角"和"倒角"按钮，分别为气压缸体创建圆角特征和倒角特征，如图 13-7 所示。

图 13-6　完善气压缸体建模

图 13-7　创建圆角和倒角特征

步骤 6：使用"孔"按钮，在气压缸体上创建直径分别为 25mm 和 6mm、高度为 21.7mm、贯通的沉头孔特征，如图 13-8 所示。

步骤 7：使用"倒角"按钮，为气压缸体创建 1.5mm 的倒角特征，如图 13-9 所示。

步骤 8：创建草图，使用"凸柱"按钮，创建凸柱特征，如图 13-10 所示。

步骤 9：在气压缸体标表面上创建草图，重复使用"拉伸"按钮，完善气压

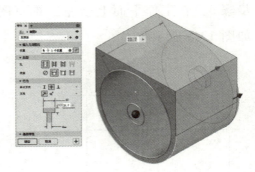

图 13-8　创建孔特征

图 13-9　创建倒角特征

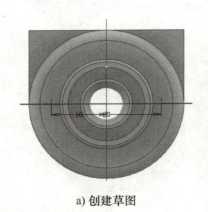
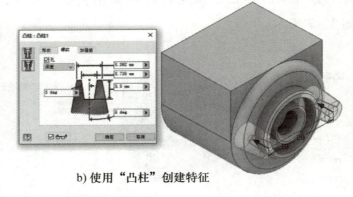

a) 创建草图　　　　　　　　b) 使用"凸柱"创建特征

图 13-10　创建凸柱特征

缸体上支撑板结构的建模，如图 13-11 所示。

步骤 10：在气压缸体标表面上创建草图，使用"拉伸"和"镜像阵列"按钮，创建气压缸体散热条结构特征，如图 13-12 所示。

步骤 11：在气压缸体表面创建草图，重复使用"拉伸"按钮，创建凸柱特征，如图 13-13 所示。

步骤 12：在气压缸体表面新建草图，使用"拉伸"和"孔"按钮，完善气压

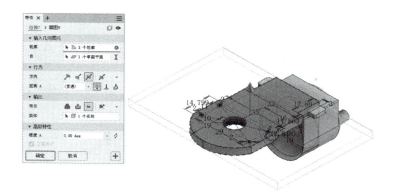

图 13-11 创建拉伸特征

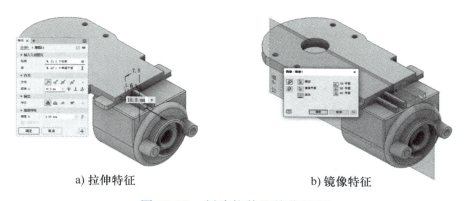

a) 拉伸特征   b) 镜像特征

图 13-12 创建拉伸和镜像特征

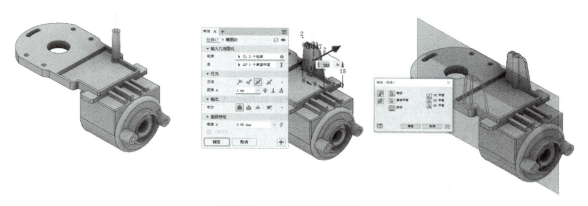

图 13-13 创建凸柱特征

缸体的其余结构，如图 13-14 所示。

步骤 13：在气压缸体表面新建草图，用"拉伸"按钮，创建新的实体零件，将实体命名为电机，并在电机上下表面创建圆角特征，如图 13-15 所示。

步骤 14：新建实体，使用"拉伸"按钮，分别创建电机轴、齿轮垫片和轴 1 等零件，如图 13-16 所示。

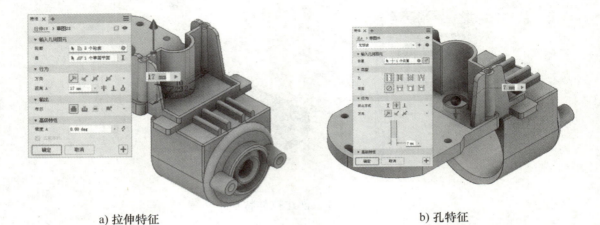

a) 拉伸特征   b) 孔特征

图 13-14   创建拉伸和孔特征

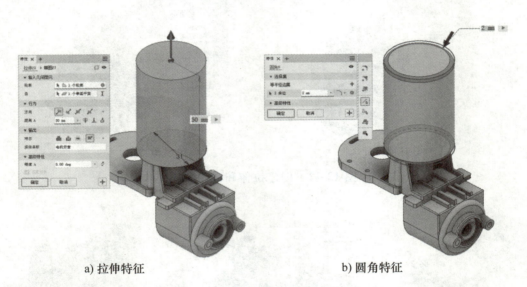

a) 拉伸特征   b) 圆角特征

图 13-15   创建拉伸和圆角特征

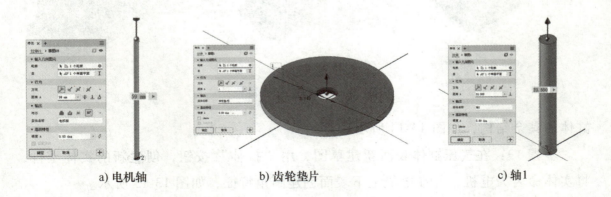

a) 电机轴   b) 齿轮垫片   c) 轴1

图 13-16   新建实体

步骤15：新建实体，在XY平面上创建草图，使用"拉伸"按钮，创建拉伸特征，将零件保存为飞轮，如图13-17所示。

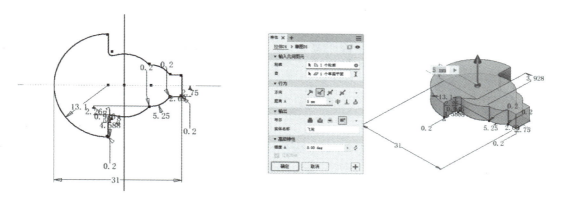

图 13-17　创建拉伸特征（1）

步骤16：在飞轮上、下表面新建草图，使用"拉伸"按钮，创建拉伸特征，如图13-18所示。

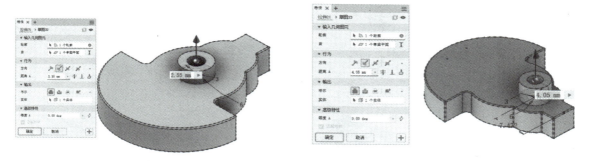

图 13-18　创建拉伸特征（2）

步骤17：新建实体，分别创建草图，重复使用"拉伸"按钮，创建拉伸特征，将零件保存为活塞杆，如图13-19所示。

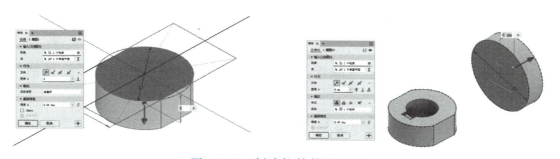

图 13-19　创建拉伸特征（3）

步骤18：在工作面上新建草图，使用"拉伸"和"圆角"按钮，创建活塞杆连杆结构特征，如图 13-20 所示。

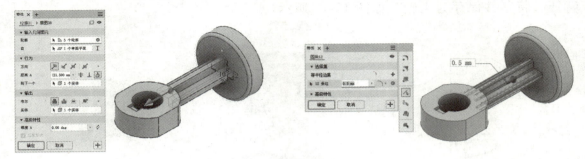

图 13-20　创建连杆结构特征

步骤 19：新建实体，分别创建草图并重复使用"拉伸""镜像"和"圆角"等按钮，创建连通器零件，如图 13-21 所示。

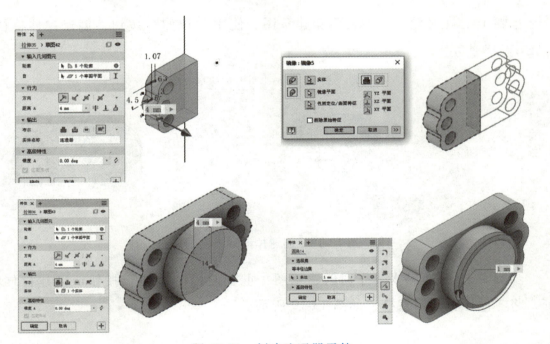

图 13-21　创建连通器零件

步骤 20：使用"旋转""螺纹"和"倒角"等按钮，创建气管连接结构特征，如图 13-22 所示。

步骤 21：新建实体，使用"拉伸""环形阵列"等按钮，创建变速齿轮实体模型，如图 13-23 所示。

步骤 22：单击"新建"按钮，选择新建部件，即"Standard. iam"，单击"创建"按钮，新建一个部件文件，如图 13-24 所示。

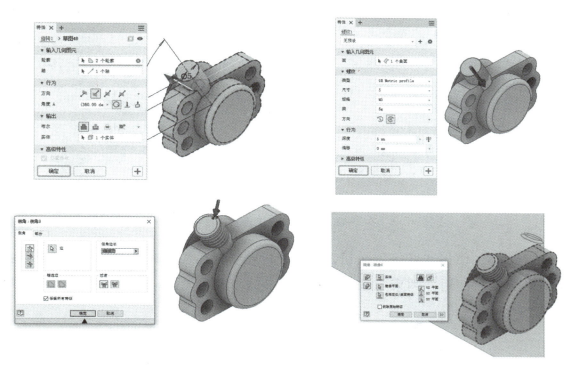

图 13-22 创建气管连接结构特征

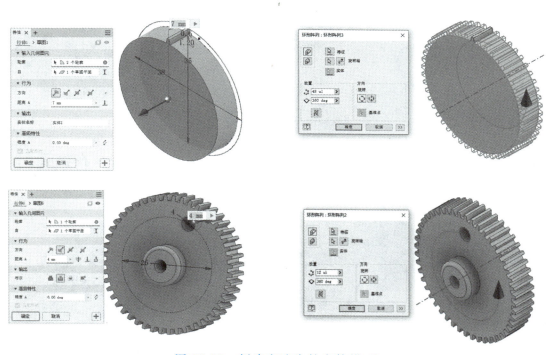

图 13-23 创建变速齿轮实体模型

图 13-24　新建部件

步骤 23：使用"联接"按钮，将变速齿轮安装在气压缸体上，联接类型选择"旋转"，接着使用"约束"按钮，将轴 1 装入变速齿轮内，约束类型用"配合"，如图 13-25 所示。

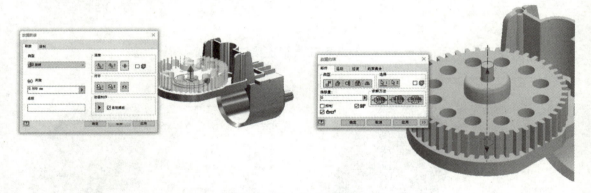

图 13-25　约束装配

步骤 24：使用"联接"按钮，将轴承装在飞轮上、活塞杆装在轴承上，如图 13-26 所示。

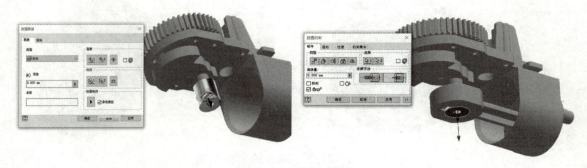

图 13-26　联接装配

步骤 25：使用"约束"按钮，将电机装入到气压缸体上，约束类型选择"配合"，如图 13-27 所示。

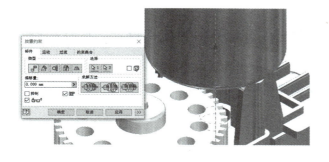
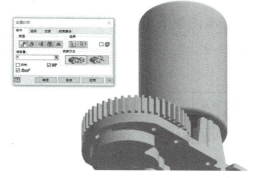

图 13-27   约束装配（1）

步骤 26：使用"约束"按钮，选择"插入"方式，将连通器安装到气压缸体上，配合"角度"约束固定连通器，如图 13-28 所示。

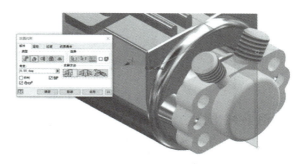

图 13-28   约束装配（2）

步骤 27：使用"材料"按钮，将气压缸体、齿轮垫片、飞轮、电机、连通器和电机轴零件的材料改为"铝 6061"，将变速齿轮、轴 1、活塞杆、轴 2 零件的材料改为 ABS 塑料，如图 13-29 所示。

图 13-29   材料设置

任务二　车载充气泵壳体和配件设计

本任务采用多实体建模方式完成车载充气泵的壳体和配件设计，设计思路见表 13-2。

表 13-2　车载充气泵壳体和配件的设计思路

设计节点	设计内容	参考图
1	以车载充气泵泵体为核心部件，设计与泵体相配套的内、外壳体零件	
2	结合泵体的整体尺寸，设计充气泵的外壳形状及大小	
3	基于充气泵的外壳，设计与充气泵外壳配套的内壳零件，配有相应的气管连接口和散热孔等结构	

（续）

设计节点	设计内容	参考图
4	基于充气泵的外壳,设计充气泵外壳的底盖零件,配有散热风口	
5	设计用于电机散热的叶轮	
6	基于外壳零件的结构,设计相配合的按钮开关	
7	为便于减小充气泵的整体大小,将充气泵的气管设计为 U 形,在不使用时可插入壳体中当提手使用。	

【任务二实施过程】

可扫描二维码观看任务二的实施过程。

步骤 1：与泵体设计方式一致，先新建零件，在零件环境下使用"衍生"按钮将已完成的泵体部件衍生进来，其次再将其他电路板等核心部件也衍生进到零件环境中，如图 13-30 所示。

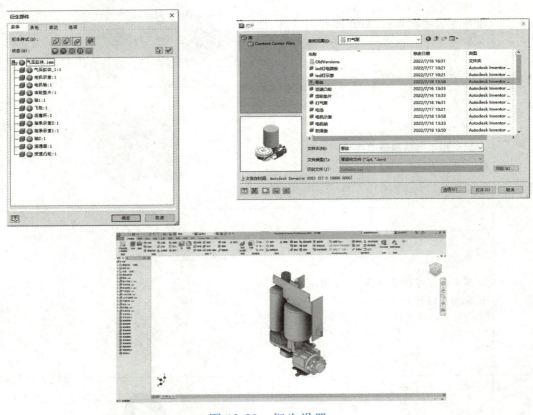

图 13-30　衍生设置

步骤 2：使用"平面"按钮，将气压缸体下表面向下偏移 45mm。在新建的工作面上创建草图，使用"拉伸"按钮，创建拉伸特征，拉伸方式选择创建新的实体，"实体名称"保存为"外壳"，如图 13-31 所示。

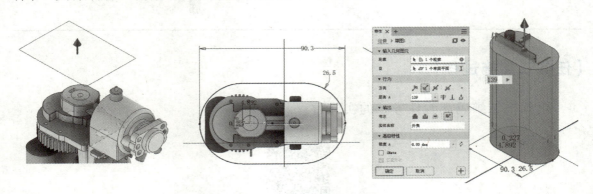

图 13-31　创建外壳零件

步骤3：在外壳下底面创建草图，重复使用"拉伸"按钮，创建拉伸特征，布尔运算方式选择"求差"，如图13-32所示。

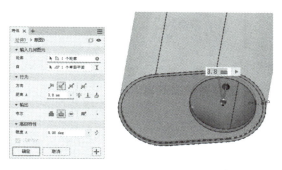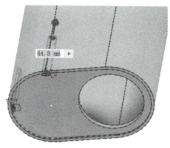

图13-32 创建拉伸特征

步骤4：在外壳下底面创建草图，使用"拉伸"按钮，创建外壳底部结构特征，如图13-33所示。

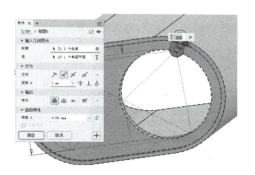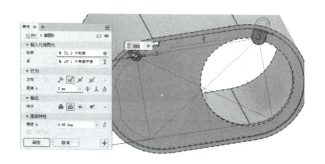

图13-33 创建外壳底部结构特征

步骤5：使用"镜像"按钮，将创建的拉伸特征，以YZ平面为对称平面，创建镜像特征，如图13-34所示。

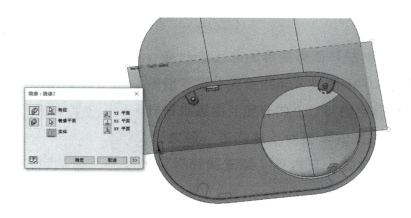

图13-34 创建镜像特征

步骤6：在 XY 平面上创建草图，使用"拉伸"按钮，创建拉伸特征，布尔运算方式选择"求差"，如图 13-35 所示。

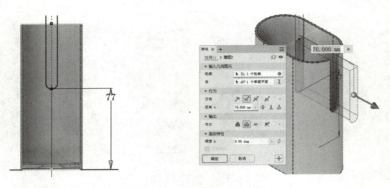

图 13-35　拉伸去除材料

步骤7：在外壳下底面创建草图，使用"拉伸"按钮，使用多实体建模方式，创建新的实体零件，如图 13-36 所示。

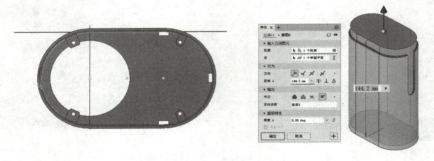

图 13-36　拉伸新建实体

步骤8：在新建的实体侧面创建草图，使用"拉伸"按钮，创建拉伸特征，布尔运算方式选择"求差"，如图 13-37 所示。

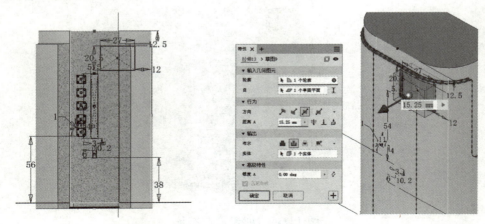

图 13-37　拉伸去除材料

步骤9：在外壳表面创建草图，使用"拉伸"按钮，创建新的实体零件，将"实体名称"保存为"屏幕保护壳"，如图13-38所示。

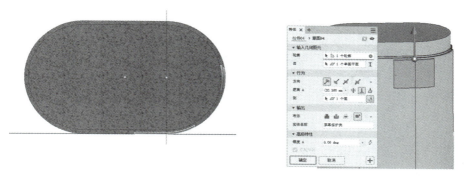

图 13-38　拉伸新建实体

步骤10：使用"旋转"和"矩形阵列"按钮，创建外壳上的阵列孔，用来增加握持的摩擦力，如图13-39所示。

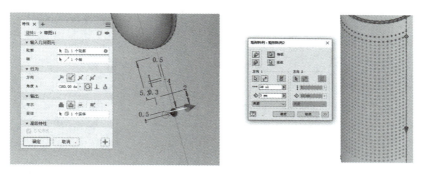

图 13-39　创建阵列特征

步骤11：使用"抽壳"按钮，将新建的实体创建抽壳特征，输入抽壳"厚度"为"1.7mm"，单击拓展按钮，选择下底面为特殊面输入抽壳"厚度"为"2mm"，如图13-40所示。

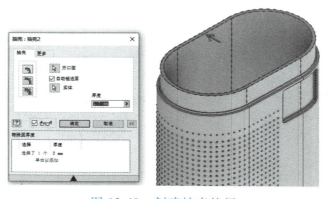

图 13-40　创建抽壳特征

步骤 12：使用"拉伸"按钮，创建拉伸特征，创建外壳上的孔结构特征，如图 13-41 所示。

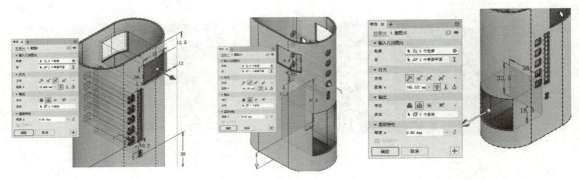

图 13-41　创建拉伸特征

步骤 13：在外壳下底面创建草图，使用"拉伸"命令，创建拉伸特征，布尔运算方式选择"新建实体"，将"实体名称"保存为"底盖"，如图 13-42 所示。

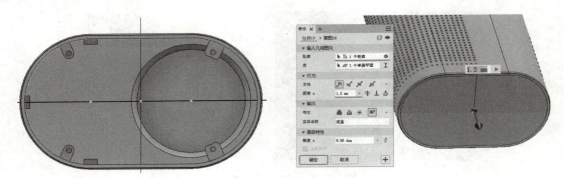

图 13-42　拉伸新建实体

步骤 14：在底盖上顶面创建草图，使用"拉伸"和"倒角"按钮，创建底盖结构特征，如图 13-43 所示。

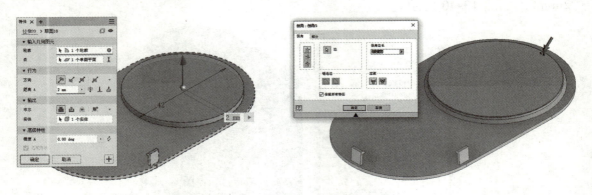

图 13-43　创建底盖结构特征

步骤 15：在底盖上表面创建草图，使用"拉伸"按钮，创建拉伸特征，布尔运算方式选择"求差"，再使用"环形阵列"按钮，创建阵列特征，完成底盖散热结构的建模，如图 13-44 所示。

图 13-44　底盖散热结构的建模

步骤 16：使用"拉伸"按钮，创建内壳零件的其余结构特征，如图 13-45 所示。

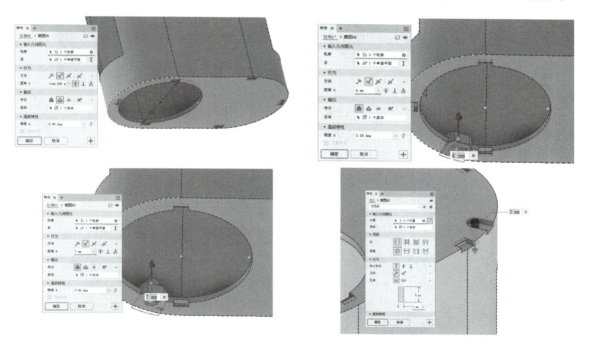

图 13-45　拉伸特征

步骤 17：使用"分割"按钮，用 YZ 平面为工具，将实体分割为两个实体，分别命名为左壳体和右壳体，如图 13-46 所示。

步骤 18：将左壳体上表面向上偏移 1mm，在新的工作面上创建草图，使用"拉伸"按钮，创建新的实体零件，将"实体名称"保存为"固定环"，如图 13-47 所示。

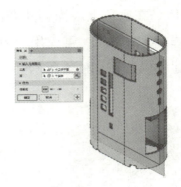

图 13-46　创建分割特征

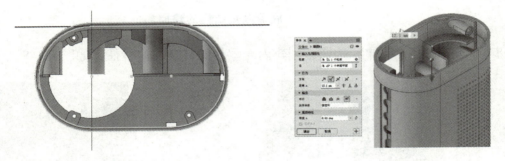

图 13-47　拉伸新建实体

步骤 19：使用"拉伸"按钮，为右内壳创建其余结构特征，如图 13-48 所示。

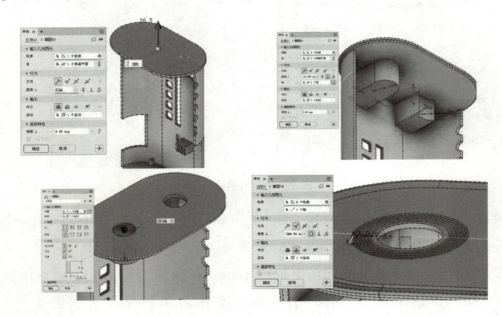

图 13-48　创建内壳其余结构特征

步骤20：使用"旋转"按钮，创建新的实体零件，将"实体名称"保存为"气管套管"，并在上端面创建"倒角边长"为"0.5mm"的倒角特征，如图13-49所示。

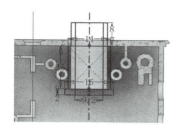

图13-49　旋转新建实体

步骤21：沿轴线创建一个平面，在平面上新建草图，使用"旋转"按钮，创建新的实体零件，将"实体名称"保存为"风扇"，在风扇底部创建"倒角边长"为"0.5mm"的倒角特征，如图13-50所示。

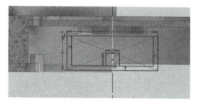

图13-50　旋转新建实体

步骤22：使用"凸雕"按钮，勾选"折叠到面"，选择圆柱外表面，输入"深度"为"8mm"，创建扇叶结构特征，如图13-51所示。

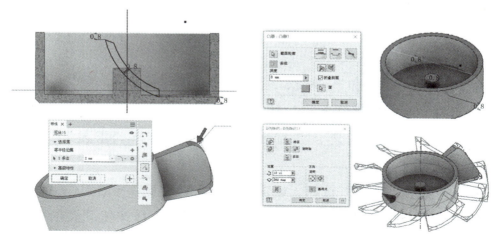

图13-51　创建扇叶结构特征

251

步骤 23：使用"加强筋"按钮，创建一个筋板"厚度"为"1mm"的加强筋特征，同时将加强筋环形阵列，数量为 10 个，如图 13-52 所示。

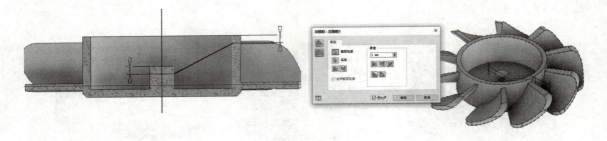

图 13-52　创建加强筋特征

步骤 24：在右内壳表面新建草图，绘制气管截面草图轮廓，在 YZ 平面新建草图，绘制扫掠路径草图，创建扫掠特征，创建新的实体零件，将"实体名称"保存为"气管"，如图 13-53 所示。

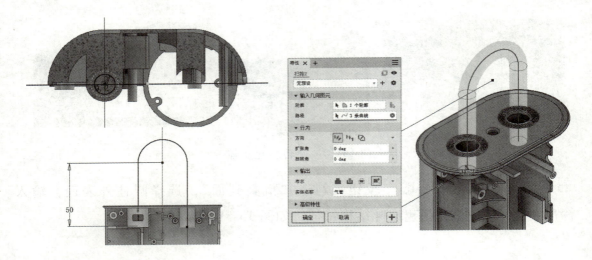

图 13-53　扫掠新建实体

步骤 25：使用"拉伸"按钮，创建新的实体零件，将"实体名称"保存为"按钮开关"，再使用"合并"按钮，以外壳为工具体，开关按钮为基本体，勾选保留工具体，创建合并特征，输出方式选择"求差"，如图 13-54 所示。

步骤 26：使用"平面"按钮，创建一个与 XY 平面平行的工作平面，在新平面上新建草图，创建凸雕特征，勾选"折叠到面"，选择按钮开关的前表面，输入凸雕"深度"为"0.2mm"，如图 13-55 所示。

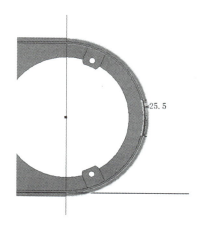

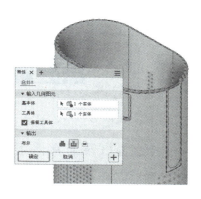

图 13-54 拉伸新建实体

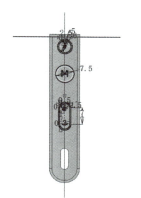

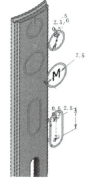

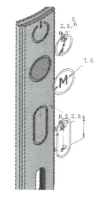

图 13-55 创建凸雕特征

项目六 车载充气泵结构设计

车载充气泵通常使用 ABS 塑料制造，在塑料类零件的结构上通常需要设计凸柱、止口等结构，内壳与泵体配合处还需要设计加强筋等结构，如图 14-1 所示。

本项目将根据已完成的车载充气泵的壳体外形，设计充气的固定结构和装配结构。

图 14-1　车载充气泵
固定结构效果图

【能力目标】

1）掌握车载充气泵零件固定结构的设计。

2）掌握车载充气泵壳体装配结构的设计。

3）掌握车载充气泵三维布线的设计。

【项目描述】

车载充气泵内部包含充气泵泵体、电池、驱动电路板和开关面板等零部件，这些零部件都需固定在充气泵的内壳上。

车载充气泵的外形由外壳、内壳、底盖和固定环等零件组成。外形零件由 ABS 塑料注塑而成，塑料零件之间的装配也需要设计相应的结构。

【项目分析】

车载充气泵内部泵体、电池等零部件可采用加强筋结构支撑与固定。电路板可采凸柱结构，用螺钉连接来固定。车载充气泵的左内壳和右内壳相互配合固定，可以设计止口和凸柱实现装配固定。内壳安装于外壳之中，最后由底盖实现密封，底盖与外壳之间的固定方式可采用卡扣结构连接，实现安装固定。

车载充气泵的结构设计分为两个任务：固定结构设计和装配结构设计，如图 14-2 所示。

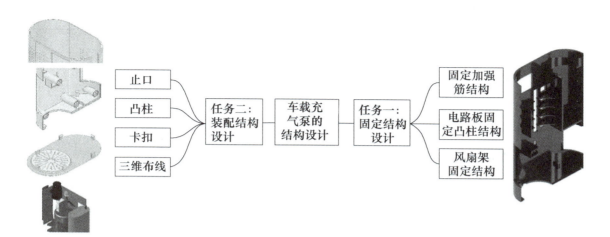

图 14-2 车载充气泵结构设计任务分析

任务一 车载充气泵固定结构设计

在车载充气泵内壳上创建用于固定泵体、电池等零部件的加强筋结构，固定电路板的凸柱结构等，设计思路见表 14-1。

表 14-1 车载充气泵固定结构的设计思路

设计节点	设计内容	参考图
1	设计车载充气泵电池固定仓的结构及电池固定加强筋结构	

（续）

设计节点	设计内容	参考图
2	设计车载充气泵泵体的电机支撑结构和固定加强筋结构	
3	设计车载充气泵散热风扇支架的固定结构	
4	设计车载充气泵泵体控制电路板的固定凸柱结构	

【任务一实施过程】

可扫描二维码观看任务一的实施过程。

步骤 1：使用"拉伸"按钮，创建拉伸特征。使用"合并"按钮，将左内壳和气压缸体合并，布尔运算方式为"求差"，气压缸体为工具体，结果"保留工具体",如图 14-3 所示。该结构能实现内壳与泵体的气压缸体固定,防止泵体在装配和工作过程中晃动,保证气泵正常运行。

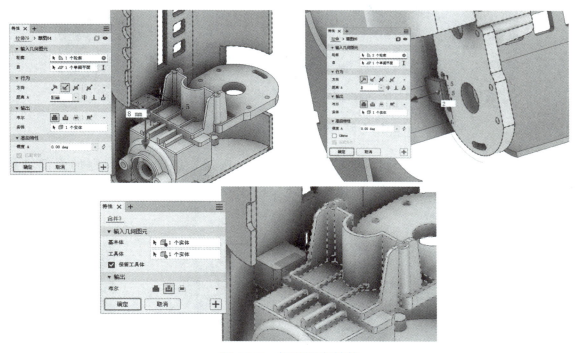

图 14-3 气泵固定结构

步骤 2:使用"加强筋"按钮,加强筋"厚度"为"2mm",如图 14-4 所示,创建电池固定仓结构特征。

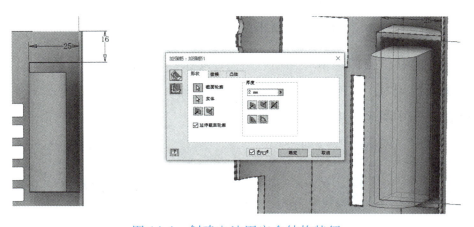

图 14-4 创建电池固定仓结构特征

步骤 3:使用"拉伸"按钮,创建拉伸特征,该加强筋结构应贴合电池的外形轮廓,同时右壳体也设计有相同结构,通过加强筋结构将电池夹紧固定。使用"矩形阵列"按钮,创建 3 个固定加强筋结构,如图 14-5 所示。

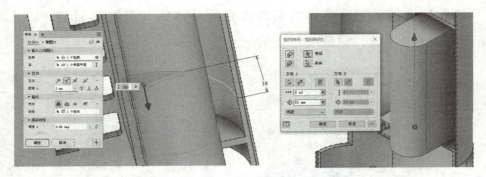

图 14-5　创建固定加强筋结构特征

步骤 4：在电池另一侧，同样使用"拉伸"按钮，创建新的固定加强筋结构特征，再使用"矩形阵列"按钮，创建 2 个固定加强筋结构特征，如图 14-6 所示。

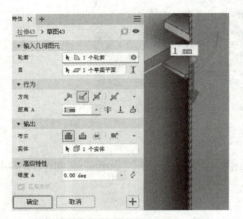

图 14-6　创建固定加强筋结构特征

步骤 5：使用"拉伸"和"矩形阵列"按钮，创建加强筋结构特征，该加强筋结构用于固定电机，右壳体也设计有相同结构，以实现电机的左右夹紧固定，防止电机在工作中晃动，如图 14-7 所示。

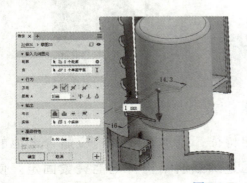
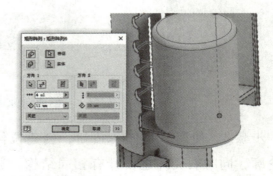

图 14-7　创建拉伸特征

步骤6：在主电路板背面创建草图，投影主电路板上的3个圆心，使用"凸柱"按钮，创建凸柱特征，如图14-8所示。使用"凸柱"按钮，采用螺钉连接来固定主电路板。

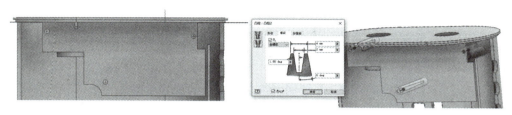

图 14-8 创建凸柱

步骤7：使用"拉伸"按钮，创建拉伸特征，如图14-9所示，用来固定开关电路板。

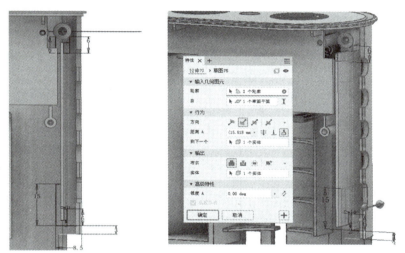

图 14-9 创建拉伸特征

步骤8：在风扇支架上创建草图，投影风扇支架主要轮廓，使用"拉伸"和"环形阵列"按钮，添加风扇支架固定结构特征，如图14-10所示。该结构可以配合螺钉连接固定风扇支架。

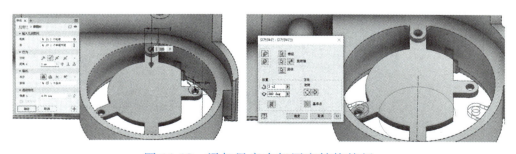

图 14-10 添加风扇支架固定结构特征

任务二 车载充气泵装配结构设计

车载充气泵的左内壳和右内壳由止口和凸柱结构实现装配固定，底盖与外壳之间的固定方式可采用卡扣结构连接，采用三维布线功能完成线路的走线仿真，设计思路见表14-2。

表 14-2 车载充气泵装配结构的设计思路

设计节点	设计内容	参考图
1	车载充气泵内壳、外壳相互配合的表面设计相应的止口特征	
2	底盖与外壳之间的装配结构设计为卡扣式连接	
3	左、右两侧的内壳装配通过凸柱实现连接	

（续）

设计节点	设计内容	参考图
4	检查完善车载充气泵内、外壳、底盖和固定环之间的装配结构	
5	完善车载充气泵的内壳结构，完成电路板、电机和电池的三维布线设计	

【任务二实施过程】

可扫描二维码观看任务二的实施过程。

步骤 1：使用"止口"按钮，在外壳上表面和侧表面等结构上分别创建止口结构特征，分别与固定环、开关按钮等零件实现装配，如图 14-11 所示。固定环、开关按钮，左、右内壳等零件同样需创建相互配合的止口结构特征。

步骤 2：使用"卡扣式连接"按钮，在底盖上创建卡扣式连接，如图 14-12 所示。用卡扣结构实现充气泵的最终封闭安装，与内壳卡扣槽配合，实现安装固定。

步骤 3：使用"拉伸"和"孔"按钮，创建凸柱结构特征，如图 14-13 所示，左、右内壳分别创建相互配合的凸柱结构特征，用螺钉连接实现左、右内壳的固

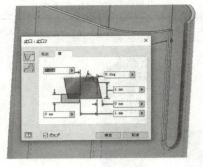
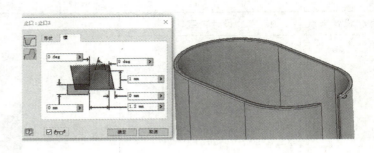

图 14-11　创建止口结构特征

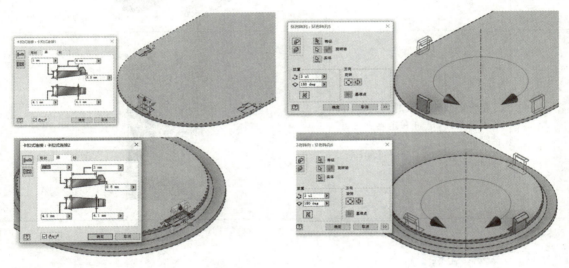

图 14-12　卡扣式连接

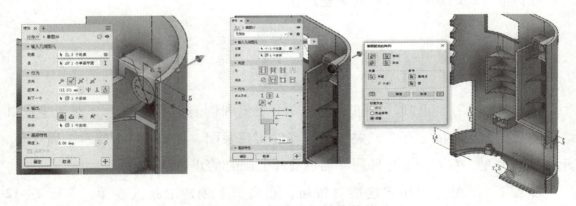

图 14-13　创建凸柱结构特征

定，该凸柱结构特征也可用"凸柱"按钮完成创建。

　　步骤 4：使用"凸柱"按钮，创建凸柱结构特征，如图 14-14 所示，该凸柱通过螺钉将气管固定器安装在内壳上，实现气管的安装与固定。

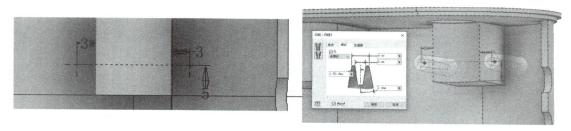

图 14-14　创建凸柱结构特征

步骤 5：打开部件环境，单击"环境"选项卡，选择"三维布线"按钮，创建线束，如图 14-15 所示。

图 14-15　创建三维布线

步骤 6：使用"创建线束段"按钮，在电池与主电路板之间创建线束段，使用"创建接头"按钮，在电池和主电路板上分别创建两个接头，如图 14-16 所示。

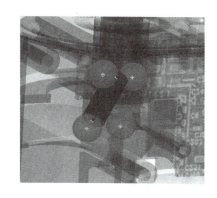

图 14-16　创建线束段和接头

步骤 7：使用"创建导线"按钮，依次单击两个接点，创建导线，如图 14-17 所示。按此步骤为另外两个接头创建新的导线。

步骤 8：使用"自动布线"按钮，依次选择两个导线，生成线束，如图 14-18 所示。

步骤 9：右击导线，选择"编辑导线"选项，选择类别和名称以此来修改导线的颜色。其中，名称代表不同的颜色，例如"RED"代表红色，如图 14-19 所

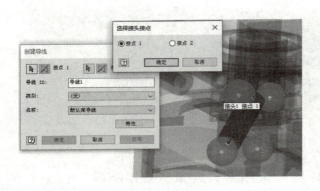
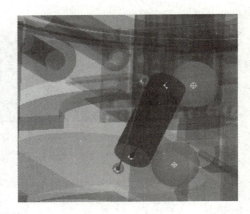

图 14-17　创建导线

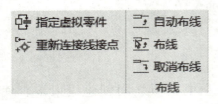
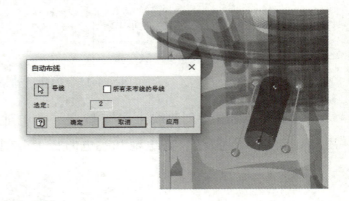

图 14-18　自动布线

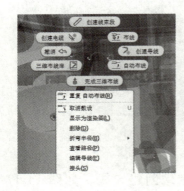

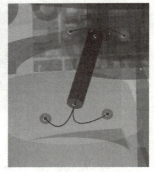

图 14-19　更改导线颜色

示，完成三维布线。

　　步骤 10：根据上述三维布线创建步骤，为车载充气泵创建多根连接电路板、电机和电池的三维布线。布线结果参考如图 14-20 所示。

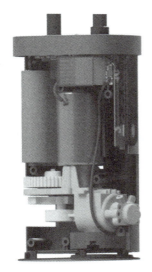

图 14-20　三维布线参考结果

参 考 文 献

［1］ 吴鹏. Autodesk Inventor 2020 完全学习手册［M］. 北京：清华大学出版社，2022.

［2］ 赵卫东. 产品数字化设计［M］. 上海：同济大学出版社，2021.

［3］ 刘涛，李津. Autodesk Inventor 2019 中文版从入门到精通［M］. 北京：人民邮电出版社，2019.